计算机系列教材

施智勇　王笑梅　编著

网络实践教程

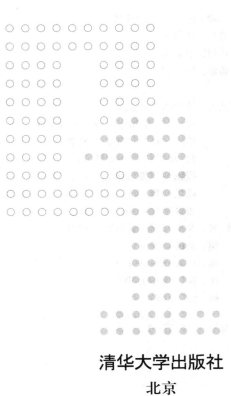

清华大学出版社

北京

内 容 简 介

本书作者在总结多年网络教学及企业实践经验的基础上,针对计算机网络的重要知识点,精心设计了若干实验,包括 Windows 网络、路由器的基本配置、路由器的高级配置三部分,每个实验均是独立的,可根据课时进行选学。内容以培养企业所需的网络管理员为目的,不仅适合读者入门,而且可以快速提高使用 Windows Server 2008 管理网络所需要达到的能力及水平。本书选用思科平台,讲述了最常用的网络互联技术——交换式网络的组建、路由式网络的组建及无线网络技术。考虑到各个院校的实验环境不同,部分实验可在单机模拟环境中完成,并提供相关配套资料。本书在内容和结构上做了调整,以项目实验方式对相关内容进行强化训练,使读者在读完本书后能完成中小型企业局域网组建与管理工作任务。

本书内容新颖全面,是系统全面学习 Windows Server、CCNA 的上佳之选,也是在企业担任网管所需的参考资料,可作为高等院校计算机、软件工程专业本科生、研究生的实验教材。

图书在版编目(CIP)数据

网络实践教程/施智勇,王笑梅编著. —北京:清华大学出版社,2014(2019.7重印)

计算机系列教材

ISBN 978-7-302-35606-6

Ⅰ.①网…　Ⅱ.①施…②王…　Ⅲ.①计算机网络—教材　Ⅳ.①TP393

中国版本图书馆 CIP 数据核字(2014)第 042400 号

责任编辑:白立军　徐跃进
封面设计:常雪影
责任校对:焦丽丽
责任印制:宋　林

出版发行:清华大学出版社
　　　　　网　　　址:http://www.tup.com.cn,http://www.wqbook.com
　　　　　地　　　址:北京清华大学学研大厦 A 座　　　　　邮　　编:100084
　　　　　社 总 机:010-62770175　　　　　　　　　　　邮　　购:010-62786544
　　　　　投稿与读者服务:010-62776969,c-service@tup.tsinghua.edu.cn
　　　　　质量反馈:010-62772015,zhiliang@tup.tsinghua.edu.cn
　　　　　课件下载:http://www.tup.com.cn,010-62795954
印 装 者:北京九州迅驰传媒文化有限公司
经　　销:全国新华书店
开　　本:185mm×260mm　　　　　印　　张:15　　　　字　　数:341 千字
版　　次:2014 年 6 月第 1 版　　　　　　　　　　印　　次:2019 年 7 月第 4 次印刷
定　　价:29.50 元

产品编号:057227-01

目前,网络技术正为人们所认识和重视,局域网技术在各个领域被越来越广泛地应用,厂矿企业、政府机关、学校的多媒体教室、机房,局域网几乎无所不在。

本书以担任企业初级网络管理员所需的基础知识和能力为教学目的,介绍基本的Windows Server 2008 的管理操作以及 Cisco 路由器和交换机的基本配置,使读者能快速地组建企业网络、管理网络以及解决企业网络问题。因此,本书分为以三部分:

第一部分为 Windows 网络。这一部分以网络基础知识为主,介绍如何在 WindowsServer 2008 上安装配置活动目录、文件服务器、打印服务器、DNS 服务、WWW 服务、流媒体服务器、FTP 服务,并学习如何通过访问控制来设置用户的权限。根据不同企业的要求,网络管理员可以有选择地掌握服务的安装及配置;同时介绍如何配置无线路由器实现企业内部移动办公。

第二部分为路由器与交换机的配置。考虑到思科公司(Cisco Systems Inc.)是全球领先的互联网设备供应商,在业界,尤其是在网络硬件方面,相对于其他公司保持着一定的优势。这部分内容是以思科公司生产的路由器与交换机为例,介绍如何配置静态路由、动态路由(RIP、OSPF),配置 VLAN,配置 DHCP 服务器。对一些中小型企业的网络管理员要求能掌握交换机、路由器的安装与配置技术,实现交换机和路由器在组网中的作用,具备独立规划、组建和维护大、中型局域网的能力。

第三部分为路由器的高级配置。这一部分主要讲解路由器的高级配置,这是企业的实用技术,访问控制列表(ACL)可以限制数据包流入或流出,实现网络安全性的要求。NAT 路由器实现企业只需少量的合法 IP 地址,使公司的所有计算机可以访问 Internet。VPN 实现总公司与分公司或公司与合作伙伴之间轻松地相互访问,确保出差的员工安全进入公司的系统。

本书的内容有所侧重,部分不常用内容较少涉及。本书简洁易懂,包含真实的背景资料,图文并茂,操作性强,给读者提供一个真实的场景实践。每一章都配有适量的实验题,完成这些练习有助于更深入理解课程的内容。以项目实验的方式对相关内容进行强化训练,使读者在学习完后能胜任中小型企业局域网组建与管理工作任务。

由于编者的水平有限,书中的缺欠或不妥之处在所难免,敬请读者批评指正。

编 者

2013 年 12 月

第一部分 Windows 网络

第一部分

Windows 网络

本部分以网络基础知识为主,介绍如何在 Windows Server 2008 上安装配置活动目录、文件服务器、打印服务器、DNS 服务、WWW 服务、流媒体服务器、FTP 服务,并学习如何通过访问控制来设置用户的权限。根据不同企业的要求,网络管理员可以有选择地掌握服务的安装及配置。

同时介绍如何配置无线路由器实现企业内部移动办公,这已成为网络管理员必须掌握的内容。

第1章 网络基础知识

1.1 双绞线制作

1991年美国通信工业协会(EIA)与美国电子工业协会(TIA)颁布了商用建筑电信布线标准,简称为 TIA/EIA-568。它的布线标准中规定了两种双绞线的线序 568A 与 568B。

1.1.1 直通线与交叉线

标准 568A 的线序为:绿白——1,绿——2,橙白——3,蓝——4,蓝白——5,橙——6,棕白——7,棕——8。标准 568B 的线序为:橙白——1,橙——2,绿白——3,蓝——4,蓝白——5,绿——6,棕白——7,棕——8。RJ45 连接器的 TIA/EIA-568B 标准如图 1-1 所示,RJ45 连接器的引脚如图 1-2 所示。

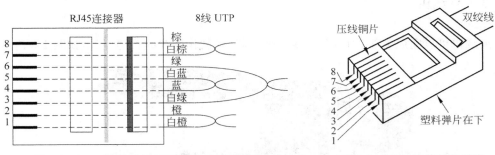

图 1-1　RJ45 连接器的 TIA/EIA-568B 标准　　　图 1-2　RJ45 连接器的引脚

对 RJ45 接线方式规定如下:1、2 用于发送,3、6 用于接收,4、5、7、8 是双向线;1、2 线必须是双绞,3、6 双绞,4、5 双绞,7、8 双绞,这样可以最大限度地抑制干扰信号,提高传输质量。

网线分为直通线和交叉线两种双绞线。

直通线:双绞线两端均采用 568A 或 568B 标准(通常采用的是 568B 标准),即将双绞线两端的发送端口与发送端口直接相连,接收端口与接收端口直接相连。

交叉线:双绞线一端采用 568A 标准,另一端采用 568B 标准,即将双绞线两端的发送端口与接收端口相连。

注意:千兆网线也分为直通和交叉两种。千兆直通网线与百兆网线相同,都是一一对应的。但是传统的百兆网络只用到 4 根线缆传输,而千兆网络要用到 8 根线缆传输,所以千兆交叉网线的制作方法如下:1 对 3,2 对 6,3 对 1,4 对 7,5 对 8,6 对 2,7 对 4,8 对 5。

1.1.2 设备连接

设备的 RJ45 接口分为 MDI(Media Dependent Interface)和 MDIX 两类。

当同种类型的接口通过双绞线互连时(两个接口都是 MDI 或都是 MDIX),使用交叉网线;当不同类型的接口通过双绞线互连时(一个接口是 MDI,一个接口是 MDIX),使用直通网线。主机和路由器的接口是 MDI,交换机和集线器的接口是 MDIX。

详细连线情况见表 1-1。需要指出的是,随着技术的发展,目前一些网络设备可自动识别连接的网线类型,用户不管采用直通线或者交叉线均能正确连接设备。

表 1-1 设备间连线

	主机	路由器	交换机	集线器
主机	交叉	交叉	直通	直通
路由器	交叉	交叉	直通	直通
交换机	直通	直通	交叉	交叉
集线器	直通	直通	交叉	交叉

1.1.3 夹线钳

夹线钳可以完成剪线、剥线和压线三个步骤,是制作网线的首选工具,如图 1-3 所示。

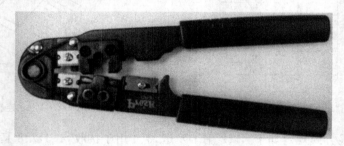

图 1-3 夹线钳

1.1.4 双绞线制作步骤

(1)剥线:将双绞线端头(长度为 13~15mm)伸入剥线刀口,然后握住夹线钳,同时慢慢旋转双绞线,让刀口划开双绞线的保护胶皮,取出双绞线端头,剥下保护胶皮。剥线时用力适度,以免剪断双绞线;剥线后看一下,剥线处应没有露出金属的光泽。

(2)理线:将紧密绞合的线分开,严格按照 568A 或 568B 的线序平行排列,用剪线刀口将前端修齐。

(3)插线:将水晶头有弹片一侧向下,用力将排好的线(双绞线的第 1 根线要对着

RJ45 水晶头的第 1 个引脚)平行插入水晶头内的线槽中,确保 8 条导线顶端应插入线槽顶端。另外,第一、二压接点要压住双绞线的外护套(如图 1-4 所示),在 RJ45 插头部正视能见到铜芯为佳。

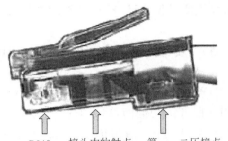

（4）压线:将水晶头放入压线钳夹槽中,用力捏几下压线钳,压紧线头。

（5）检测:可用电缆测试仪,测试仪分为信号发射器和信号接收器两部分,各有 8 个信号灯。测试时将双绞线两端分别插入信号发射器和信号接收器,打开电源。如果网线制作成功,则发射器和接收器上对应的信号灯会亮起来,依次从 1 号到 8 号,否则,网线制作有问题。

　　RJ45　接头中的触点　第一、二压接点

图 1-4　插线的位置

实验 1-1　制作一根 2m 长的交叉线。用线缆测试仪测试一下,制作的网线是否正确。

1.2　RJ45 模块的端接

　　RJ45 模块的外形如图 1-5 所示,两边有 568A 或 568B 的色标,它一般安装在墙上或地板上的信息插座内。将双绞线按 568A 或 568B 的色标从中间分开压入相应的安装槽中,双绞线的外护套应紧顶住模块端部,如图 1-6 所示。用专用打线工具(如图 1-7 所示)打线,注意刀口向外,以切断尾线,不要将方向弄反。

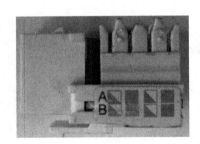

图 1-5　RJ45 模块

图 1-6　双绞线的位置

图 1-7　专用打线工具

实验 1-2 按 568B 的标准接 RJ45 模块,双绞线的另一端以 568B 的标准接水晶头,用线缆测试仪测试一下,制作的模块是否正确。

1.3 安装 Windows Server 2008

Windows Server 2008 继承 Windows Server 2003,是专为强化网络、应用程序和 Web 服务的功能而设计,它提供高度安全的网络基础架构,提高和增加技术效率与价值。新的 Web 工具、虚拟化技术、安全性的强化以及管理公用程序,不仅可帮助用户节省时间、降低成本,并可为 IT 基础架构提供稳固的基础。

(1) 从 CD-ROM 启动安装程序,会出现安装界面如图 1-8 所示,单击"下一步"按钮。

图 1-8 安装界面

(2) 如图 1-9 所示,选择安装的操作系统,单击"下一步"按钮。

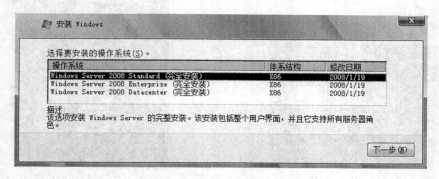

图 1-9 选择安装的操作系统

(3) 如图 1-10 所示,出现 Windows 许可条款界面,选中"我接受许可条款"复选框,单击"下一步"按钮。

(4) 如图 1-11 所示,出现 Windows 安装类型界面,单击"自定义(高级)"选项。

(5) 如图 1-12 所示,出现 Windows 安装在何处界面,选择 Windows 安装的磁盘空间,然后单击"下一步"按钮。

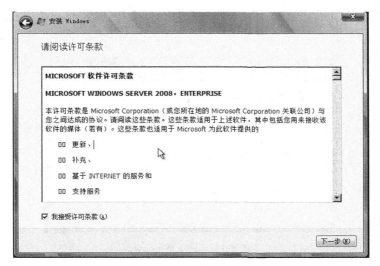

图 1-10　Windows 许可条款界面

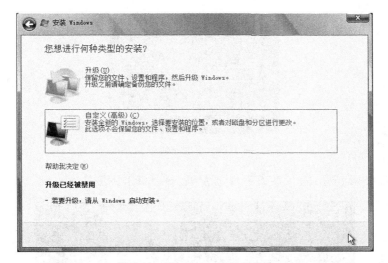

图 1-11　Windows 自定义安装

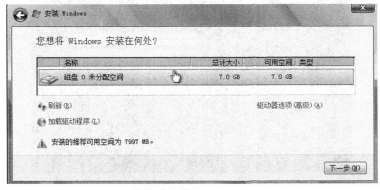

图 1-12　Windows 安装在何处

（6）如图 1-13 所示，出现安装 Windows 界面，耐心等待，直到安装完成。自动重新启动计算机。

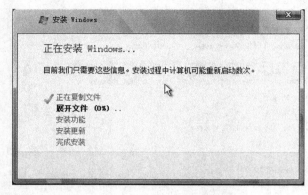

图 1-13　安装 Windows

（7）如图 1-14 所示，出现更改密码界面，单击"确定"按钮。

图 1-14　更改密码界面

（8）如图 1-15 所示，输入两次一样的密码，然后单击→按钮。

图 1-15　重设密码界面

（9）出现密码已更改界面，单击"确定"按钮。

（10）进入 Windows 界面，出现"初始配置任务"窗口，选中"登录时不显示此窗口"复选框，单击"关闭"按钮。

（11）如图 1-16 所示，打开"服务器管理器"窗口，按需要配置服务器，最后关闭"服务器管理器"窗口。

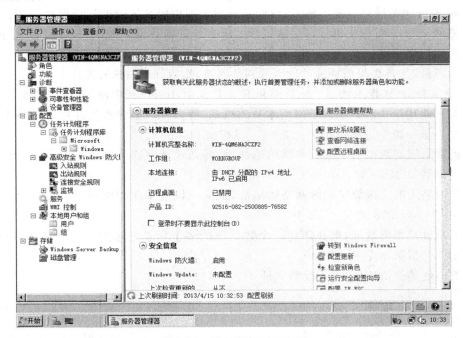

图 1-16　服务器管理器窗口

（12）安装设备驱动程序（购买计算机时，所附带的光盘上有驱动程序；或者从厂商网站上下载）。首先安装主板驱动程序，然后再安装声卡、网卡、显卡等设备驱动程序。

1.4　TCP/IP

TCP/IP 为传输控制协议/网际协议（Transmission Control Protocol/ Internet Protocol），是供已连接 Internet 的计算机进行通信的协议。TCP/IP 的核心功能是寻址和路由选择（网络层的 IP）以及传输控制（传输层的 TCP、UDP）。

1.4.1　TCP/IP 协议的地址

计算机通信需要唯一的物理地址，一般是指网卡（NIC）地址，也称为 MAC 地址或硬件地址。它是由生产厂家通过编码烧制在网卡的硬件电路上，由 48 位二进制数组成。在 Windows 的命令窗口中通过 ipconfig/ all 命令看到的 Physical Address 后面的 12 位十六进制数就是 MAC 地址。用户不能改变此 MAC 地址，而 IP 地址用户可自己定义。

1. IPv4 地址

IP 地址是为了实现网络通信给连入网络的每一台计算机分配的一个全球唯一的标识地址。IPv4 地址由 32 位二进制数组成,分 4 段,每段 8 位二进制数(常用 0 ～ 255 范围的十进制数表示),每段用 . 分隔。

IPv4 地址包括网络号和主机号,它们是利用子网掩码来区分的。子网掩码中二进制数 1 对应网络号,0 对应主机号。而主机号的所有二进制数位全为 0 表示标识一个网络,全为 1 表示广播地址。

路由寻址时,首先根据地址的网络号到达网络,然后利用主机号到达主机。

IP 地址分为 A 类、B 类、C 类、D 类和 E 类共 5 类,Internet 中使用 A 类、B 类、C 类。

A 类网络用第一段数字表示网络本身的地址,后面三段数字作为连接于网络上的主机的地址。第一段十进制数是 1～126(0 与 127 是保留的)。

B 类网络用前两段数字表示网络的地址,后面两段数字代表网络上的主机地址。第一段十进制数是 128～191。

C 类网络用前三段数字表示网络的地址,最后一段数字作为网络上的主机地址。第一段数字是 192～223。

D 类地址是组播地址,组播能将一个数据报的多个拷贝发送到一组选定的主机。D 类地址的第一段数字是 224～239。

E 类地址是保留地址,第一段数字是 240～247。

2. 特殊的 IP 地址

IP 定义了一套特殊的地址,称为保留地址,这些地址不分配给任何主机(见表 1-2)。

表 1-2　特殊的 IP 地址

网络号	主机号	地址类型	举例	用途
第一段为 127	任意	回送地址	127.0.0.1	测试
A 类私有地址	10.0.0.1～10.255.255.254			保留的内部地址
B 类私有地址	172.16.0.1～172.31.255.254			保留的内部地址
C 类私有地址	192.168.0.1～192.168.255.254			保留的内部地址

3. 设置 IP 地址

在 Windows 中右击"网络",在弹出的快捷菜单中选择"属性"。在"网络和共享中心"窗口中,单击左边"任务"中的"管理网络连接",打开"网络连接"窗口。右击"本地连接",在弹出的快捷菜单中选择"属性"。如图 1-17 所示,选择"网络"选项卡。要配置 IPv4 地址,双击"Internet 协议版本 4(TCP/IPv4)",选中"使用下面的 IP 地址"单选按钮(如图 1-18 所示),输入 IP 地址和子网掩码,然后单击"确定"按钮;要配置 IPv6 地址,双击"Internet 协议版本 6(TCP/IPv6)",选中"使用下列 IPv6 地址"单选按钮(如图 1-19 所示），输入 IPv6 地址和子网前缀长度，然后单击"确定"按钮。最后在"本地连接属性"窗口中单击"确定"按钮。

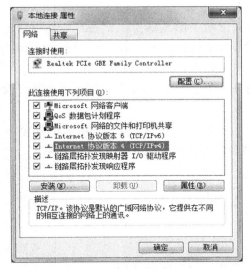

图 1-17 "本地连接 属性"窗口

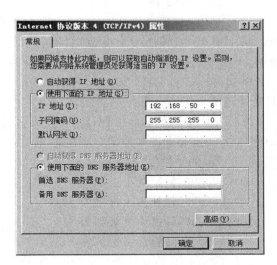

图 1-18 配置 IPv4 地址

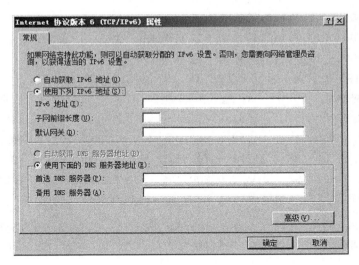

图 1-19 配置 IPv6 地址

1.4.2 划分子网

假设有一批 C 类地址，但每个公司人数不多，最多的公司只有 60 人。不同的公司不能直接互访，可以考虑用路由器分割。但一个 C 类地址分配给一个公司，会造成 IP 地址的浪费，这时可采用子网划分的方法，子网划分是将 IP 地址主机号的部分，进一步划分为子网部分和主机号部分，即从标准 IP 地址的主机号部分"借"位，并把它们指定为子网部

分。子网划分要兼顾子网的数量以及主机的最大数量,通常可采用如下方法:

(1) 将要划分的子网数目转换为最接近的 2 的 x 次方。例如,要划分 6 个子网,则 $x=3$;要划分 5 个子网,x 也取 3。

(2) 从主机位最高位开始借 x 位,即为最终确定的子网掩码。例如,$x=3$,则该段的掩码是 11100000,转换为十进制为 224。对 C 类网,子网掩码为 255.255.255.224;对 B 类网,子网掩码为 255.255.224.0;对 A 类网,子网掩码为 255.224.0.0。

例如,将一个 C 类网络地址 192.9.200.0 划分为 4 个子网,确定各子网的子网地址及 IP 地址范围。

分析:要划分为 4 个子网,$4=2^2$,从主机位最高位开始借 2 位,即该段的掩码是 11000000,转换为十进制为 192。因此,该 C 类网络的子网掩码为 192.9.200.192。

4 个子网的子网号分别为:

00　000000,转换为十进制为 0

01　000000,转换为十进制为 64

10　000000,转换为十进制为 128

11　000000,转换为十进制为 192

4 个子网的 IP 地址范围(不包括主机号全 0 和全 1 的地址)分别为:

00—00000001～00111110,转换为十进制为 1～62

01—01000001～01111110,转换为十进制为 65～126

10—10000001～10111110,转换为十进制为 129～190

11—11000001～11111110,转换为十进制为 193～254

网络地址 192.9.200.0 通过 192.9.200.192 子网掩码划分的子网:

子网	子网地址	IP 地址范围	广播地址
1	192.9.200.0	192.9.200.1～192.9.200.62	192.9.200.63
2	192.9.200.64	192.9.200.65～192.9.200.126	192.9.200.127
3	192.9.200.128	192.9.200.129～192.9.200.190	192.9.200.191
4	192.9.200.192	192.9.200.193～192.9.200.254	192.9.200.255

计算机的 IP 地址与子网掩码作 AND 运算将得到网络号。例如

IP 地址:192.10.10.6　二进制数为 11000000.00001010.00001010.00000110

AND 子网掩码:255.255.255.0　二进制数为 11111111.11111111 .11111111 .00000000

网络号:　　　二进制数为　11000000.00001010.00001010.00000000

网络号转换为十进制为 192.10.10.0。

1.4.3　超网

与子网把大网络分成若干小网络相反,超网是把一些小网络组合成一个大网络。

假设有一批 C 类地址,但我们定购的路由器设备还未到公司,公司的计算机利用交换机互连,如何使这些计算机互访? 这需要从标准 IP 地址的网络号部分"借"位,并把它

们指定为主机部分。

例如，有 5 段 C 类地址：

200.100.20.1～200.100.20.254　　（20 的二进制数为 00010100）

200.100.21.1～200.100.21.254　　（21 的二进制数为 00010101）

200.100.22.1～200.100.22.254　　（22 的二进制数为 00010110）

200.100.23.1～200.100.23.254　　（23 的二进制数为 00010111）

200.100.24.1～－200.100.24.254　　（24 的二进制数为 00011000）

这 5 个数的二进制数的前 4 位均为 0001（对应网络号），后 4 位不相同（对应主机号）。因此，将这段的子网掩码原来的 255 数字改为二进制数 11110000，即十进制为 240。子网掩码由原来的 255.255.255.0 改为 255.255.240.0。

属于这同一网络号的 IP 地址为 200.100.16.1～200.100.31.254（后两段的二进制数范围为 00010000.00000001～00011111.11111110）。

1.4.4 CIDR

CIDR（Classless Inter-Domain Routing，无类型域间路由）对原来用于分配 A 类、B 类和 C 类地址的有类别路由选择进程进行了重新构建。CIDR 用 13～27 位长的前缀取代了原来地址结构对地址网络部分的限制。

对于采用 CIDR 概念的路由表来讲，地址类别就变得没什么意义了。CIDR 地址中包含标准的 32 位 IP 地址和有关网络前缀位数的信息，地址的网络部分由网络子网掩码（也称为网络前缀）或者说前缀长度（如/8、/19）来确定。网络地址不再由地址所属的类来确定。以 CIDR 地址 222.80.18.18/25 为例，其中/25 表示其前面地址中的前 25 位代表网络部分，其余位代表主机部分。

CIDR 建立于"超级组网"的基础上，可看作子网划分的逆过程。子网划分时，从地址主机部分借位，将其合并进网络部分；而在超级组网中，则是将网络部分的某些位合并进主机部分。这种无类别超级组网技术通过将一组较小的无类别网络汇聚为一个较大的单一路由表项，减少了 Internet 路由域中路由表条目的数量。

1.4.5 VLSM

VLSM（Variable Length Subnet Masking，可变长子网掩码）其实就是相对于分类的 IPv4 地址来说的，VLSM 的作用就是在有类的 IP 地址的基础上，从主机号部分借出一定的位数做网络号，也就是增加网络号的位数。

VLSM 是一种产生不同大小子网的网络分配机制，指一个网络可以配置不同的掩码。开发可变长度子网掩码的想法就是在每个子网上保留足够的主机数的同时，把一个子网进一步分成多个小子网时有更大的灵活性。

VLSM 划分子网的基本思想：子网的子网化，即把子网进一步划分子网；将没有利用的 IP 地址空间尽可能连续。

1. 为何需要 VLSM

例如,某企业好不容易申请了一个 C 类地址 219.133.46.0,现准备构建如图 1-20 所示的网络,每个子网的主机不超过 25 台,其中网络 1～5 是企业分部或总部的局域网,网络 6～9 是起互联作用的广域网。如何划分子网?

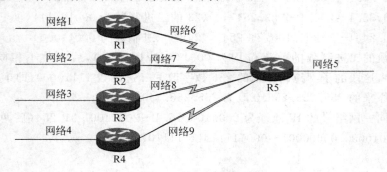

图 1-20   网络拓扑图

(1) 这里共有 9 个子网,因为 $2^3=8$,$2^4=16$,所以需要 4 位二进制数标识网络 1～9。这样每个子网最多只能有 $16-2=14$ 台主机,未达到企业每个子网有不超过 25 台主机的规格。

(2) 网络 6～9 只是起互联作用,这些网络中不可能有主机接入,串行线路两端的路由器的每个接口各有一个 IP 地址就可以了,即该网段只要 2 个主机就行了。

(3) 为了减少 IP 地址的浪费,只能采用可变长度子网掩码。

2. VLSM 划分步骤

1) 先划分大的子网

这里先把 C 类网络划分成 8 个子网,子网 1～5 分配给网络 1～5 使用,网络 6 用来进一步划分子网。

因为要求主机 $2^n-2 \geqslant 25$,所以 $n=5$,掩码为 255.255.255.224,即采用 27 位的掩码。

第一个子网为 219.133.46.000 00000,即 219.133.46.0/27;

第二个子网为 219.133.46.001 00000,即 219.133.46.32/27;

第三个子网为 219.133.46.010 00000,即 219.133.46.64/27;

第四个子网为 219.133.46.011 00000,即 219.133.46.96/27;

第五个子网为 219.133.46.100 00000,即 219.133.46.128/27;

第六个子网为 219.133.46.101 00000,即 219.133.46.160/27。

2) 划分小的子网

网络 6～9 中只需要 2 个主机,$2^k-2 \geqslant 2$,所以 $k=2$,即只需要保留 2 位主机位,这样原来剩下的 5 位主机位可以借出 3 位用来进一步划分子网了。掩码为 255.255.255.252,采用的是 30 位的掩码。

219.133.46.101 XXX YY,这里 X 表示新的子网位,Y 表示主机位,则各个子网为:

219.133.46.101 000 00,即 219.133.46.160/30;

219.133.46.101 001 00,即 219.133.46.164/30;

219.133.46.101 010 00,即 219.133.46.168/30;

219.133.46.101 011 00,即 219.133.46.272/30;

219.133.46.101 100 00,即 219.133.46.276/30;

219.133.46.101 101 00,即 219.133.46.280/30;

219.133.46.101 110 00,即 219.133.46.284/30;

219.133.46.101 111 00,即 219.133.46.288/30。

3. 各网络的主机数不同时配置 VLSM

某企业使用一个 C 类地址 192.168.0.0,现构建如图 1-21 所示的网络,要求 0 子网不可用,应如何划分子网?

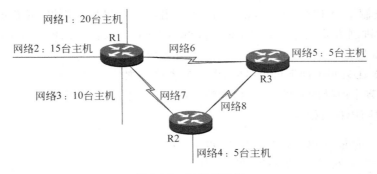

图 1-21 网络拓扑图

(1) 网络 1 是主机数量最多的网络,有 20 个主机,因为 $2^5-2=30>20$,所以进行子网划分时,要保留 5 位主机位,因此借来的子网位可以有 3 位。第一个子网分配给网络 1,为 192.168.0.001 00000/27。

(2) 网络 2 有 15 个主机,因为要求主机 $2^4-2=14<15$,$2^5-2=30>15$,所以保留 5 位主机位,第二个子网分配给网络 2 为:192.168.0.010 00000/27。

(3) 网络 3 有 10 个主机,因为要求主机 $2^4-2=14>10$,所以保留 4 位主机位,第三个子网分配给网络 3 为:192.168.0.0110 0000/28,此时 92.168.0.0111 0000/28 还未使用。

(4) 网络 4 和网络 5 都只有 5 台主机,因为要求主机 $2^3-2=6>5$,所需的主机位为 3,所以这两个网络可以从 192.168.0.0111 0000/28 网络再子网化得到。

192.168.0.01110 000/29 分配给网络 4

192.168.0.01111 00029 分配给网络 5

(5) 网络 6、7、8 都只需要 2 个 IP 地址,所需的主机位数为 2 。我们把第四个子网 192.168.0.100 00000/27。进一步子网化即可,分别为:

192.168.0.100000 00/30

192.168.0.100001 00/30

192.168.0.100010 00/30

（6）最终结果如图 1-22 所示。

192.168.0.32 /27	192.168.0.0 0 1 0 0 0 0 0 /255.255.255.224,	30 个主机;	网络 1
192.168.0.64 /27	192.168.0.0 1 0 0 0 0 0 0 /255.255.255.224,	30 个主机;	网络 2
192.168.0.96 /28	192.168.0.0 1 1 0 0 0 0 0 /255.255.255.240,	14 个主机;	网络 3
192.168.0.112/29	192.168.0.0 1 1 1 0 0 0 0 /255.255.255.248,	6 个主机;	网络 4
192.168.0.120/29	192.168.0.0 1 1 1 1 0 0 0 /255.255.255.248,	6 个主机;	网络 5
192.168.0.128 /30	192.168.0.1 0 0 0 0 0 0 0 /255.255.255.252,	2 个主机;	网络 6
192.168.0.132 /30	192.168.0.1 0 0 0 0 1 0 0 /255.255.255.252,	2 个主机;	网络 7
192.168.0.136/ 30	192.168.0.1 0 0 0 1 0 0 0 /255.255.255.252,	2 个主机;	网络 8

图 1-22　最终结果

1.4.6　IPv6

IPv6 二进制下为 128 位长度，以 16 位为一组，每组以冒号：隔开，可以分为 8 组，每组以 4 位十六进制方式表示。例如，2001:0db8:85a3:08d3:1319:8a2e:0370:7344 是一个合法的 IPv6 地址。

同时 IPv6 在某些条件下可以省略，以下是省略规则：

（1）每项数字前导的 0 可以省略，省略后前导数字仍是 0 则继续。

例如，下组 IPv6 是相等的：

2001:0DB8:02de:0000:0000:0000:0000:0e13

2001:DB8:2de:0000:0000:0000:0000:e13

2001:DB8:2de:000:000:000:000:e13

2001:DB8:2de:00:00:00:00:e13

2001:DB8:2de:0:0:0:0:e13

（2）可以用双冒号::表示一组 0 或多组连续的 0，但只能出现一次。

① 如果四组数字都是零，可以被省略。遵照以上省略规则。

下面的 IPv6 都是相等的。

2001:DB8:2de:0:0:0:0:e13

2001:DB8:2de::e13

② 不过请注意有的情形下省略是非法的，因为双冒号出现两次，所以这个 IPv6 是非法的。

2001::25de::cade

因为它有可能是下列情形之一，造成无法推断。

2001:0000:0000:0000:0000:25de:0000:cade

2001:0000:0000:0000:25de:0000:0000:cade

2001:0000:0000:25de:0000:0000:0000:cade

2001:0000:25de:0000:0000:0000:0000:cade

③ 如果这个地址实际上是 IPv4 的地址,后 32 位可以用十进制数表示。

::FFFF:192.168.89.9 相等于::FFFF:c0a8:5909,但不等于::192.168.89.9 和::c0a8:5909。

::FFFF:1.2.3.4 格式叫做 IPv4 映射位址。而::1.2.3.4 格式叫做 IPv4 一致位址,目前已被取消。

IPv4 位址可以很容易地转化为 IPv6 格式。举例来说,如果 IPv4 的一个地址为 135.75.43.52(十六进制为 0x874B2B34),它可以被转化为 0000:0000:0000:0000:0000:FFFF:874B:2B34 或者::FFFF:874B:2B34。同时,还可以使用混合符号(IPv4-compatible address),则地址可以为::FFFF:135.75.43.52。

(3) IPv6 地址可分为三种:单播(unicast)地址、任播(anycast)地址、多播(multicast)地址。

单播地址表示一个网络接口。协议会把送往地址的数据包投送给其接口。IPv6 的单播地址可以有一个代表特殊地址名字的范畴,如 link-local 地址和唯一区域地址(unique local address,ULA)。单播地址包括可聚类的全球单播地址、链路本地地址等。

任播是 IPv6 特有的数据传送方式,它像是 IPv4 的 Unicast(单点传播)与 Broadcast(多点广播)的综合。IPv4 支持单点传播和多点广播,单点广播在来源和目的地间直接进行通信;多点广播存在于单一来源和多个目的地进行通信。而任播则在以上两者之间,它像多点广播(broadcast)一样,会有一组接收节点的地址栏表,但指定为 Anycast 的数据包,只会传送给距离最近或传送成本最低(根据路由表来判断)的其中一个接收地址,当该接收地址收到数据包并进行回应,且加入后续的传输。该接收列表的其他节点,会知道某个节点地址已经回应了,它们就不再加入后续的传输作业。以目前的应用为例,任播地址只能分配给路由器,不能分配给计算机使用,而且不能作为发送端的地址。

多播地址也称"组播"地址。多播地址也被指定到一群不同的接口,送到多播地址的数据包会被传送到所有的地址。多播地址皆从 FF 字节起始,即它们的前置为 FF00::/8。多播地址中的最低 112 位会组成多播组群识别码,不过因为传统方法是从 MAC 地址产生,故只使用组群识别码中的最低 32 位。定义过的组群识别码有用于所有节点的多播地址 0x1 和用于所有路由器的 0x2。

另一个多播组群的地址为"solicited-node 多播地址",是由前置 FF02::1:FF00:0/104 和剩余的组群识别码(最低 24 位)所组成。这些地址允许经由邻居发现协议(Neighbor Discovery Protocol,NDP)来解译链接层地址,因而不用干扰到在区网内的所有节点。

(4) 特殊地址

IANA 维护官方的 IPv6 地址空间列表。全局的单播地址的分配可在各个区域互联网注册管理机构或(英文)GRH DFP pages 找到。

IPv6 中有些地址是有特殊含义的:

① 未指定地址(::/128)。

所有比特皆为零的地址称作未指定地址。这个地址不可指定给某个网络接口,并且只有在主机尚未知道其来源 IP 时,才会用于软件中。路由器不可转送包含未指定地址的数据包。

② 链路本地地址。

::1/128 是一种单播绕回地址。如果一个应用程序将数据包送到此地址,IPv6 堆栈会转送这些数据包绕回到同样的虚拟接口(相当于 IPv4 中的 127.0.0.0/8)。

FE80::/10 是链路本地地址,这些地址只在区域连接中是合法的,这有点类似于 IPv4 中的 169.254.0.0/16。

③ 唯一区域位域(FC00::/7)。

唯一区域地址(Unique Local Address,ULA)只可在一群网站中绕送。此定义在 RFC 4193 中用来取代站点本地位域。此地址包含一个 40 比特的伪随机数,以减少当网站合并或数据包误传到网络时碰撞的风险。这些地址除了只能用于区域外,还具备全局性的范畴,这点违反了唯一区域位域所取代的站点本地地址的定义。

④ 多播地址(FF00::/8)。

这个前置表明定义在 IP Version 6 Addressing Architecture(RFC 4291)中的多播地址[6]。其中,有些地址已用于指定特殊协议,如 FF0X::101 对应所有区域的 NTP 服务器(RFC 2375)。

⑤ 请求节点多播地址(Solicited-node multicast address)。

FF02::1:FFXX:XXXX-XX:XXXX 为相对应的单播或任播地址中的三个最低的字节。

⑥I Pv4 转译地址。

::FFFF:x. x. x. x/96 用于 IPv4 映射地址(参见以下的转换机制)。

2001::/32 用于 Teredo tunneling。

2002::/16 用于 6to4。

⑦ ORCHID。

2001:10::/28 是 ORCHID(Overlay Routable Cryptographic Hash Identifiers)(RFC 4843)。这些是不可绕送的 IPv6 地址,用于加密散列识别。

⑧ 文件。

2001:DB8::/32 用于文件(RFC 3849)。这些地址应用于 IPV6 地址的示例中,或描述网络架构。

1.4.7　常用网络测试命令

一个网络维护人员肯定要经常处理网络故障,掌握下面几个命令(在 Windows 的"命令提示符"窗口中输入)将会有助于用户更快地检测到网络故障所在,从而节省时间,提高效率。

1. ipconfig

ipconfig 显示所有当前的 TCP/IP 网络配置值、刷新动态主机配置协议(DHCP)和域名系统(DNS)设置。

ipconfig/all：可以看到此计算机的 MAC 地址，配置的 IP 地址和子网掩码等信息。

ipconfig/release：释放当前 DHCP 配置并丢弃 IP 地址（IPv4）配置。

ipconfig/release6：释放当前 DHCP 配置并丢弃 IP 地址（IPv6）配置。

ipconfig/renew：更新当前 DHCP 配置（IPv4）。

ipconfig/renew6：更新当前 DHCP 配置（IPv4）。

ipconfig/flushdns：释放 DNS 客户解析器缓存。

2. ping

ping 通过发送"网际消息控制协议（ICMP）"回响请求消息来验证与另一台 TCP/IP 计算机的 IP 级连接。ping 是用于检测网络连接性、可到达性和名称解析的疑难问题的主要 TCP/IP 命令。

ping   标计算机的 IP 地址

ping   标计算机的主机名

如图 1-23 所示输入 ping   www.google.com 后的结果。

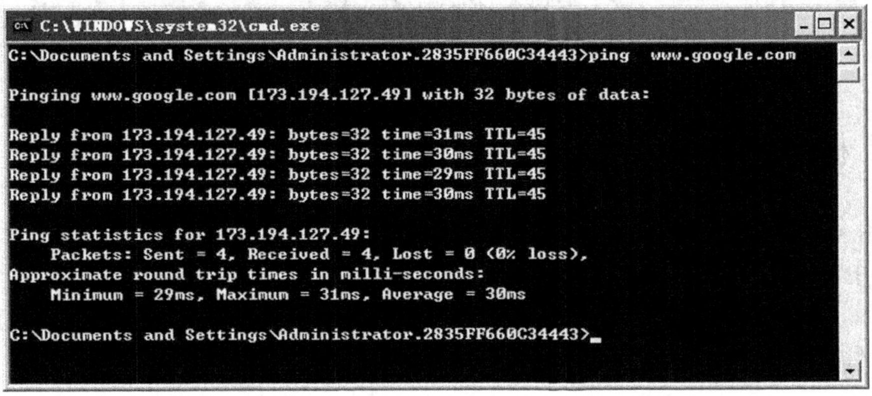

图 1-23   ping 命令

注意：Windows 2008 的防火墙默认阻止 ping 命令，可双击控制面板中的"安全"下的"允许程序通过 Windows 防火墙"，打开"Windows 防火墙设置"窗口，单击"常规"选项卡，单击"关闭"单选按钮，再单击"确定"按钮，关闭 Windows 2008 的防火墙。

3. tracert

tracert（跟踪路由）是路由跟踪实用程序，用于确定 IP 数据包访问目标所采取的路径，并显示数据包经过的中继节点的清单和到达时间。tracert 命令使用 IP 生存时间（TTL）字段和 ICMP 错误消息来确定从一个主机到网络上其他主机的路由。Windows 系统下使用 tracert 命令，在 UNIX 或 Linux 系统下使用 traceroute 命令。

tracert   目标计算机的 IP 地址

tracert   目标计算机的主机名

如图 1-24 所示，输入 tracert　www.126.com 后的结果。

```
C:\WINDOWS\system32\cmd.exe                                    _ □ ×

C:\Documents and Settings\Administrator.2835FF660C34443>tracert www.126.com

Tracing route to email.163.com.lxdns.com [121.195.178.58]
over a maximum of 30 hops:

  1    <1 ms    <1 ms    <1 ms  59.78.150.129
  2    <1 ms    <1 ms    <1 ms  192.168.16.41
  3    <1 ms    <1 ms    <1 ms  192.168.16.18
  4     7 ms    <1 ms    <1 ms  192.168.16.185
  5     1 ms    <1 ms    <1 ms  202.121.48.221
  6     1 ms     1 ms     1 ms  10.255.249.249
  7     1 ms     1 ms     1 ms  10.255.249.254
  8     4 ms     2 ms     3 ms  202.112.6.69
  9     1 ms     1 ms     1 ms  101.4.115.170
 10    33 ms    31 ms    31 ms  101.4.116.117
 11    27 ms    27 ms    27 ms  101.4.112.69
 12    54 ms    30 ms    27 ms  101.4.112.98
 13    28 ms    90 ms    28 ms  101.4.116.82
 14    27 ms    29 ms    27 ms  121.195.176.2
 15    27 ms    27 ms    27 ms  121.195.178.58

Trace complete.

C:\Documents and Settings\Administrator.2835FF660C34443>_
```

图 1-24　tracert 命令

1.4.8　使用网络设备

两台相同网络号的计算机连接使用交换机或集线器，两台不同网络号的计算机连接必须使用路由器。

例如，如图 1-25 所示，使用路由器将上下两个交换机连接的不同网络号的计算机连成一个网络。

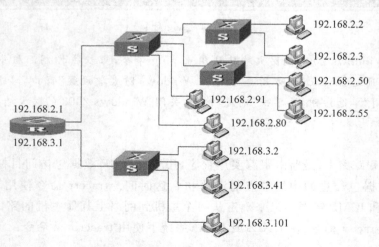

图 1-25　使用路由器与交换机连接网络

注意：交换机不能形成环路，否则在网络中要产生广播风暴（在网络中传播过多的广播信息而引起的网络性能恶化的现象）。

1.4.9 实践 广播风暴与配置 IP 地址

实验1-3 广播风暴实验。

按图 1-26 连接设备，在 Windows 的"命令提示符"窗口中，输入"ping 另一台计算机的 IP 地址"，观察交换机端口指示灯的闪烁情况，体会广播风暴和链路环路的危害。

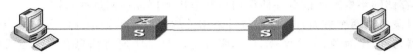

图 1-26 交换机形成环路

思考：如果没有计算机是否能形成广播风暴？如果只有一个交换机能否形成广播风暴？请说明理由。

实验1-4 IP 地址与子网掩码实验。

按图 1-27 连接设备，子网掩码为 255.255.255.224，哪些计算机可直接通信（在 Windows 的"命令提示符"窗口中输入"ping 另一台计算机的 IP 地址"，查看结果）？

200.100.20.90   200.100.20.37

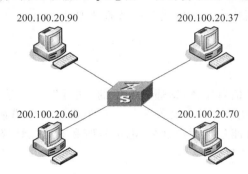

200.100.20.60   200.100.20.70

图 1-27 IP 地址与子网掩码的运算

第 2 章　活 动 目 录

2.1　Active Directory 基础

Active Directory(活动目录,AD)是微软提供的一种目录服务。目录服务是一种网络服务,它存储网络资源的信息并使得用户和应用程序能访问这些资源。

活动目录包括两个方面:目录和与目录相关的服务。目录是存储各种对象的一个物理上的容器,是一个对象、一个实体,目录服务是使目录中所有信息和资源发挥作用的服务;活动目录是一个分布式的目录服务,信息可以分散在多台不同的计算机上,保证用户能够快速访问,不管用户从何处访问或信息处在何处,都对用户提供统一的视图。

2.1.1　名字空间

从本质上讲,活动目录就是一个名字空间,可以把名字空间理解为任何给定名字的解析边界,这个边界就是指这个名字所能提供或关联、映射的所有信息范围。名字解析是把一个名字翻译成该名字所代表的对象或者信息的处理过程。

2.1.2　对象

对象是活动目录中的信息实体,即通常所说的"属性",但它是一组属性的集合,往往代表了有形的实体,比如用户账户、文件名等。对象通过属性描述它的基本特征,比如,一个用户账号的属性中可能包括用户姓名、电话号码和家庭住址等。

2.1.3　容器

容器是活动目录名字空间的一部分,与目录对象一样,它也有属性,但与目录对象不同的是,它不代表有形的实体,而是代表存放对象的空间,因为它仅代表存放一个对象的空间,所以它比名字空间小。比如一个用户,它是一个对象,但这个对象的容器就仅限于从这个对象本身所能提供的信息空间,如它仅能提供用户名、用户密码,其他的如工作单位、联系电话、家庭住址等就不属于这个对象的容器范围了。

2.1.4　目录树

在任何一个名字空间中,目录树是指由容器和对象构成的层次结构。树的叶子、节点往往是对象,树的非叶子节点是容器。目录树表达了对象的连接方式,也显示了从一个对象到另一个对象的路径。在活动目录中,目录树是基本的结构,从每一个容器作为起点,层层深入，都可以构成一棵子树。一个简单的目录可以构成一棵树，一个计算机网络或者一个域也可以构成一棵树。"目录树"其实描述的是一种"路径关系"。

2.2 Active Directory 结构

活动目录结构一般包括逻辑结构和物理结构。逻辑结构是主要由组织单元、域、域树、域林构成的层次化的目录结构。物理结构主要有站点和域控制器。

2.2.1 组织单元

（1）活动目录服务把域详细地划分成组织单元（Organizational Unit，OU）。

（2）组织单元是一个逻辑单位，它是域中一些用户、计算机和组、文件与打印机等资源对象，组织单元中还可以再划分下级组织单元。

（3）组织单元具有继承性，子单元能够继承父单元的访问许可权。

（4）可以根据组织模型管理账户、资源的配置和使用，使用组织单元创建可缩放到任意规模的管理模型。每一个组织单元可以有自己单独的管理员并指定其管理权限，它们管理着不同的任务，从而实现了对资源和用户的分级管理。

（5）组织单元是可以指派组策略设置或委派管理权限的最小作用单位。

2.2.2 域

域（domain）是 Windows 网络系统的安全性边界。一个计算机网络最基本的单元就是"域"，活动目录可以贯穿一个或多个域。在独立的计算机上，域即指计算机本身，一个域可以分布在多个物理位置上，同时一个物理位置又可以划分不同网段为不同的域，每个域都有自己的安全策略以及它与其他域的信任关系。当多个域通过信任关系连接起来之后，活动目录可以被多个信任域共享。默认的情况下，一个域的管理员只能管理他自己的域。一个域的管理员要管理其他域，需要专门的授权。

2.2.3 域树

域树是一个或多个与根域有信任关系的域的集合。域树中的第一个域称作根域。相同域树中的其他域为子域。相同域树中直接在另一个域上一层的域称为父域。具有公用根域的所有域构成连续名字空间（namespace）。这意味着单个域目录中的所有域共享一个等级命名结构，如图 2-1 所示。

域树中的域通过双向可传递信任关系连接在一起。由于这些信任关系是双向的而且是可传递的，因此在域树中新创建的域可以立即与域树或域林中其他域建立信任关系。这些信任关系允许单一登录过程在域树或域林中的所有域上对用户进行身份验证。

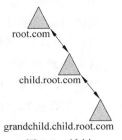

root.com

child.root.com

grandchild.child.root.com

图 2-1 域树

不过,这也并不意味着经过身份验证的用户在域树的所有域中都拥有相应的权利和权限。因为域是安全界限,所以必须在每个域的基础上指派权利和权限。

2.2.4 域林

域林由一棵或多棵域树构成。域林中的树不必共享一个连续的名字空间。域林也有根域,第一棵树的根是域林的根域。域林中所有域树的根域与域林的根域建立可传递的信任关系,如图 2-2 所示。

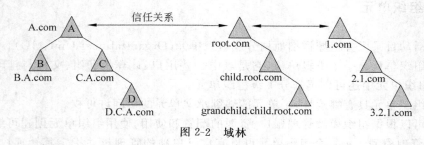

图 2-2 域林

2.2.5 域控制器

域控制器(Domain Controller,DC),存储着目录数据并管理用户域的交互关系,其中包括用户登录过程、身份验证和目录搜索。

一个域可有一个或多个域控制器。在域中,可以同时存在多台域控制器,各域控制器都处于平等关系。用户也可通过任何一台域控制器登录域,并访问 Active Directory 数据库。

域控制器参与活动目录复制,使每个域控制器上的目录数据同步,以确保随着时间的推移这些信息仍能保持一致,活动目录的优点是可动态管理。

2.2.6 站点

站点是通过高速网络(如局域网)有效连接的一组计算机。同一站点内的所有计算机通常放在同一建筑内,或在同一局域网络上。一个站点是由一个或多个 IP 子网组成,子网是 IP 网络的细分,每个子网都有自己的唯一网络地址。

域代表组织的逻辑结构,而站点代表网络的物理结构,Active Directory 使用拓扑信息(在目录中存储为站点和站点链接对象)来建立最有效的复制拓扑。

这种物理和逻辑结构的区分提供了下列好处:

(1) 可以单独设计和维护网络的逻辑和物理结构。

(2) 不必使域名称空间建立在物理网络基础之上。

(3) 可以为相同站点中的多个域部署域控制器,也可以为多个站点中的相同域部署域控制器。

2.3 活动目录的安装

2.3.1 安装前的准备

安装前最好将本机的 IP 地址设好，因为要配置 DNS。

2.3.2 安装活动目录

（1）选择"开始"→"运行"选项，在文本框中输入 dcpromo，单击"确定"按钮。

（2）打开"Active Directory 域服务安装向导"窗口，单击"下一步"按钮。

（3）打开"操作系统兼容性"对话框，单击"下一步"按钮。

（4）如图 2-3 所示，打开"选择某一部署配置"对话框，选择"在新林中新建域"单选按钮，单击"下一步"按钮。

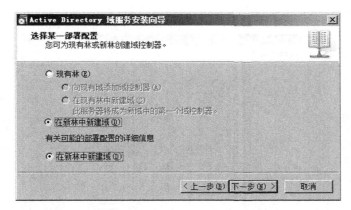

图 2-3 "选择某一部署配置"对话框

（5）如图 2-4 所示，打开"命名林根域"对话框，在文本框中输入根域名（如 a.com），单击"下一步"按钮。

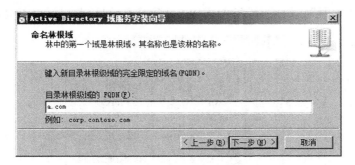

图 2-4 "命名林根域"对话框

（6）如图 2-5 所示，打开"设置林功能级别"对话框，在组合框中选择相应的林功能级别（如 Windows 2000），单击"下一步"按钮。

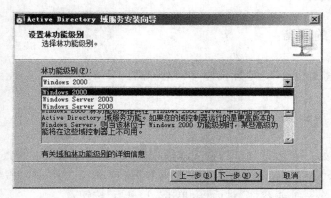

图 2-5 "设置林功能级别"对话框

（7）如图 2-6 所示，打开"其他域控制器选项"对话框，选中"DNS 服务器"复选框，单击"下一步"按钮。

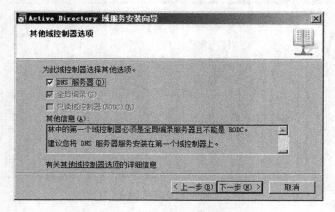

图 2-6 "其他域控制器选项"对话框

（8）如图 2-7 所示，打开"静态 IP 分配"对话框，单击"否（N），将静态 IP 地址分配给所有物理网络适配器"。如果 IPV6 与 IPV4 已配静态地址，此对话框不会出现。

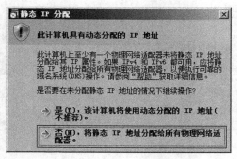

图 2-7 "静态 IP 分配"对话框

（9）如图 2-8 所示，打开"Active Directory 域服务安装向导"消息框，单击"是（Y）"按钮。

图 2-8　"Active Directory 域服务安装向导"消息框

（10）如图 2-9 所示，打开"数据库、日志文件和 SYSVOL 的位置"对话框，可分别在文本框中输入文件夹位置（或单击"浏览"按钮，选择文件夹），单击"下一步"按钮。

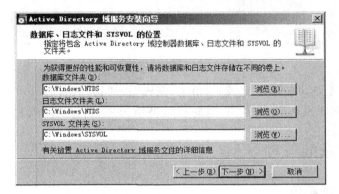

图 2-9　"数据库、日志文件和 SYSVOL 的位置"对话框

（11）如图 2-10 所示，打开"目录服务还原模式的 Administrator 密码"对话框，在文本框中输入两次相同的密码，单击"下一步"按钮。

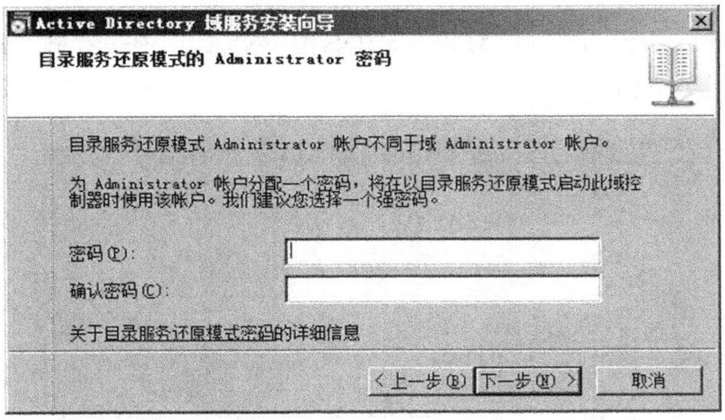

图 2-10　"目录服务还原模式的 Administrator 密码"对话框

（12）如图 2-11 所示，打开"摘要"对话框，如发现问题，单击"上一步"按钮；如没有错误，单击"下一步"按钮。

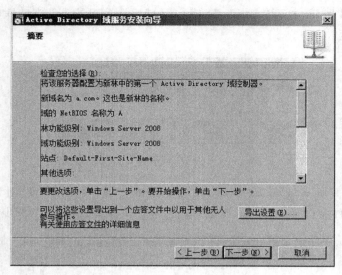

图 2-11 "摘要"对话框

（13）开始安装活动目录。完成后，单击"完成"按钮，完成活动目录域服务器的安装。

（14）单击"立即重新启动"按钮，重新启动 Windows，活动目录安装生效。

2.4 活动目录的管理

2.4.1 创建组织单位

（1）选择"开始"→"管理工具"→"Active Directory 用户和计算机"选项，打开"Active Directory 用户和计算机"窗口，右击左边窗格中的域名，选择"新建"快捷菜单下的"组织单位"。

（2）如图 2-12 所示，打开"新建对象-组织单位"对话框，在"名称"文本框中输入组织单位名称，单击"确定"按钮。

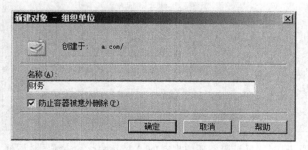

图 2-12 "新建对象-组织单位"对话框

实验 2-1 创建名为"财务"的组织单位。

2.4.2 组

1．组的工作方式

（1）一次对组授权，用户加入相应组即可，不必多次授权。
（2）用户登录后，修改权利权限，再次登录才生效。

2．工作组中的组

（1）在客户机或成员服务器上创建。
（2）在本地机上使用这些组和授权。

3．域中的组

（1）在域控制器 DC 上创建。
（2）在域中使用这些组和授予权利权限。

4．组的类型分为两种

（1）安全组：用于与安全性有关的功能，如资源权限。
（2）通信组：与安全性无关，不能为其授权。

5．建立域中的组

（1）选择"开始"→"管理工具"→"Active Directory 用户和计算机"选项，打开"Active Directory 用户和计算机"窗口，右击左边窗格中的 Users，选择"新建"快捷菜单下的"组"。
（2）如图 2-13 所示，打开"新建对象-组"对话框，在"组名"文本框中输入组的名称，选择适当的组作用域和组类型，然后单击"确定"按钮。

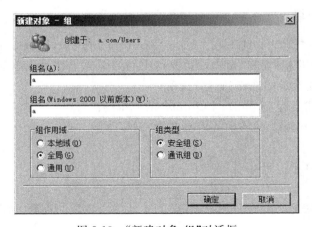

图 2-13 "新建对象-组"对话框

6. 修改域中的组

（1）选择"开始"→"管理工具"→"Active Directory 用户和计算机"选项，打开"Active Directory 用户和计算机"窗口，单击左边窗格中的 Users，右侧显示组与用户，右击需修改的组，在弹出的快捷菜单的中选择"属性"选项。

（2）打开"属性"对话框，如图 2-14 所示，在"常规"选项卡中，可以修改组名、描述、注释。如图 2-15 所示，在"成员"选项卡中单击"添加"按钮，可以增加组中的成员（组或用户）；单击"删除"按钮，可以删除选中的成员。在"隶属于"选项卡中单击"添加"按钮，可以将此组隶属于添加的组；单击"删除"按钮，可以删除选中的隶属于此组。

图 2-14 "属性"对话框的"常规"选项卡

图 2-15 "属性"对话框的"成员"选项卡

（3）单击"确定"按钮。

7. 删除域中的组

选择"开始"→"管理工具"→"Active Directory 用户和计算机"选项，打开"Active Directory 用户和计算机"窗口，单击左边窗格中的 Users，右侧显示组与用户，右击需删除的组，在弹出的快捷菜单中选择"删除"选项。

实验 2-2 创建名为 Group1 与 Group2 的域中的组。

实验 2-3 将 Group2 的域中的组改名为"组 2"。

2.4.3 创建用户

（1）通过用户账号，用户可以登录和访问本地的或者域的资源。用户账号的类型，如表 2-1 所示。

（2）创建域用户账号一般在域控制器上进行。

（3）建立域用户。

表 2-1　用户账号的类型

用户账号类型	说　　明
本地用户账号	利用本地账号,用户可以登录到特定的计算机,以便访问这一计算机上的资源。如果用户在其他计算机上也有自己独立的账号,那么他就能够访问其他计算机的资源。这些本地用户账号驻留在该计算机的安全性账号管理器(SAM)中
域用户账号	利用域用户账号,用户可以登录到特定的域,以便访问网络资源。用户利用特有的用户账号和密码,可以从网络上的任何计算机访问网络资源。这些域用户账号驻留在活动目录服务中
系统内置账号	利用内置的用户账号,用户可以执行日常的管理任务,或者临时访问网络资源。有两个特别的内置用户账号,即"管理员"和 Guest。这两个内置用户账号不能被删除

① 选择"开始"→"管理工具"→"Active Directory 用户和计算机"选项,打开"Active Directory 用户和计算机"窗口,右击左边窗格中的 Users,选择"新建"快捷菜单下的"用户"。

② 如图 2-16 所示,打开"新建对象-用户"对话框,在"用户登录名"文本框中,输入用户登录到 Windows 时的用户名,在"姓"和"名"文本框中,输入此用户的姓和名(用于显示此用户的名字,用户登录时不用此名),然后单击"下一步"按钮。

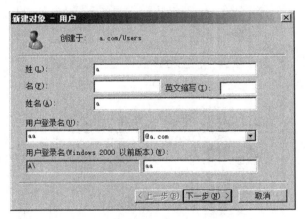

图 2-16　"新建对象-用户"对话框

③ 如图 2-17 所示,在"密码"和"确认密码"文本框中,输入相同的密码(由于安全策略的作用,默认密码至少要 7 个字符,并包含大写字母、小写字母及数字)。根据实际需要选择相应的复选框,然后单击"下一步"按钮。

④ 在打开的窗口中,显示前面输入的内容。如果需要修改,单击"上一步"按钮;否则,单击"完成"按钮。

(4) 修改域用户。

① 选择"开始"→"管理工具"→"Active Directory 用户和计算机"选项,打开"Active Directory 用户和计算机"窗口,单击左边窗格中的 Users,右侧显示组与用户,右击需修改

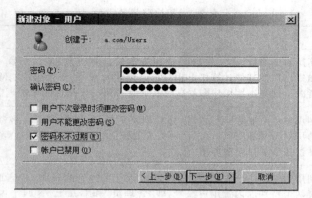

图 2-17 "新建对象-用户"对话框

的用户,在弹出的快捷菜单中选择"属性"选项。

② 打开"属性"对话框,如图 2-18 所示,在"账户"选项卡中可以修改用户登录名、账户选项、账户过期等。单击"登录时间"按钮,选中时间,单击"允许登录"或"拒绝登录"单选框,可以修改用户的登录时间。单击"登录到"按钮,可以修改登录的工作站(默认为所有计算机均为登录工作站)。

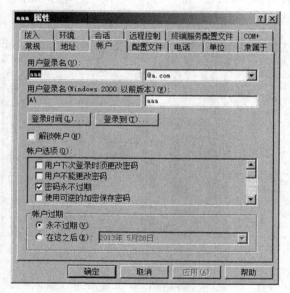

图 2-18 "属性"对话框的"账户"选项卡

③ 如图 2-19 所示,在"属性"对话框的"隶属于"选项卡中,可以修改此用户属于哪些组(默认的为 Domain Users 组)。

④ 如图 2-20 所示,在"属性"对话框的"拨入"选项卡中,可以选择远程访问权限为"允许访问"。这可以用于用户在远程登录到公司内部服务器。

⑤ 单击"确定"按钮。

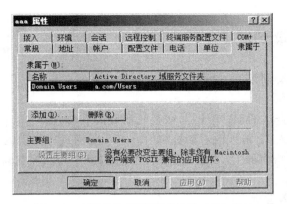

图 2-19 "属性"对话框的"隶属于"选项卡

（5）删除域用户。

选择"开始"→"管理工具"→"Active Directory 用户和计算机"选项，打开"Active Directory 用户和计算机"窗口，单击左边窗格中的 Users，右侧显示组与用户，右击需删除的用户，在弹出的快捷菜单中选择"删除"选项。

图 2-20 "属性"对话框的"拨入"选项卡

（6）修改域用户的密码。

① 选择"开始"→"管理工具"→"Active Directory 用户和计算机"选项，打开"Active Directory 用户和计算机"窗口，单击左边窗格中的 Users，右侧显示组与用户，右击需修改密码的用户，在弹出的快捷菜单中选择"重置密码"选项。

② 在"新密码"和"确认密码"文本框中，输入一致的密码，单击"确定"按钮。

实验 2-4 创建名为 user1 与 user2 的域用户，并将它们加入实验 2-2 所建立的 Group1 的组中。

2.5 客户机登录到域

2.5.1 客户机加入到域前的准备

（1）客户机选择合适的 IP 地址，与域控制器要能 ping 通。

（2）客户机在输入 IP 地址的对话框（如图 1-18 所示）中，使用的首选 DNS 服务器应该为安装活动目录时指明的 DNS 服务器的 IP 地址（默认为域控制器的 IP 地址）。

2.5.2 客户机加入到域

（1）在客户机上右击"我的电脑"，在弹出的快捷菜单中单击"属性"选项。

（2）打开"系统"对话框，在"计算机名称、域和工作组设置"中，单击"改变设置"。如图 2-21 所示，打开"系统属性"对话框，单击"更改"按钮。

（3）如图 2-22 所示，打开"计算机名/域更改"对话框。单击"域"单选按钮（默认为工作组 WORKGROUP），在文本框中输入要加入的域的域名，单击"确定"按钮。

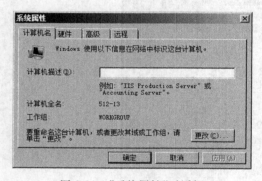

图 2-21 "系统属性"对话框

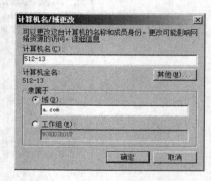

图 2-22 "计算机名/域更改"对话框

（4）如图 2-23 所示，打开"计算机名/域更改"对话框。输入有加入该域权限的用户名（一般为该域的管理员 administrator）和相应的密码，单击"确定"按钮。

（5）如图 2-24 所示，出现欢迎加入到域的界面，说明加入该域成功；否则，说明加入该域失败。

图 2-23 "Windows 安全"对话框

图 2-24 "欢迎加入域"对话框

（6）单击"确定"按钮。要使设置生效，必须重新启动计算机。

2.5.3　登录

（1）重新启动计算机。

（2）在"登录到 Windows"窗口，在"用户名"文本框中输入域用户名；在"密码"文本框中输入域用户名的密码，单击"选项"按钮。

（3）单击"登录到"列表框，选择要登录的域名（默认为本机登录），单击"确定"按钮。

2.5.4　实践　客户机登录到域

实验 2-5　本实验应分组进行，每组需要两台计算机，一根交叉网线，如图 2-25 所示。

A机　　　　　　B机

图 2-25　客户机登录到域实验

实验要求：

（1）A 机的 IP 地址设为 192.168.2.5，安装活动目录，在域控制器中，创建名为 user1 的域用户。

（2）B 机的 IP 地址设为 192.168.2.12，作为客户机加入到域。

（3）B 机使用 user1 的域用户名登录到域。

第 3 章　文件服务器与打印服务器

考虑公司的员工可以查阅公司内部的文件,有必要建立一个文件服务器,并设置权限。设置打印服务器,可使公司的员工共用一台打印机,节约公司办公成本。

3.1　磁盘文件系统

磁盘文件系统分为标准文件分配表(FAT)、增强的文件分配表(FAT32)、NT 文件系统(NTFS)。

3.1.1　FAT 文件系统

用于小型磁盘和简单文件结构的简单文件系统,采用 FAT 文件系统格式化的卷以簇的形式进行分配。卷不能大于 4GB,安装分区不能大于 2GB。

MS-DOS、OS/2、Windows for Workgroups、Windows 32、Windows 95 适合选择 FAT 文件系统格式。

3.1.2　FAT32 文件系统

支持超过 32GB 的卷以及通过使用更小的簇来更有效率地使用磁盘空间,可在容量从 512MB 到 2TB 的驱动器上使用。对于大于 32GB 的分区,应使用 NTFS 文件系统,而不使用 FAT32 文件系统。

Windows 95 OEM Release 2、Windows 98、Windows 2000、Windows XP、Windows 2003 均能访问 FAT32 卷。

3.1.3　NTFS 文件系统

NTFS 文件系统提供了更高的可靠性与兼容性,可用 Convert. exe 把 FAT 或 FAT32 的分区转换为 NTFS 分区,但微软不提供将 NTFS 分区转换为 FAT32 的分区。

NTFS 文件系统支持对关键数据和十分重要的数据访问控制和私有权限,是 Windows 中唯一允许为单个文件指定权限的文件系统。NTFS 文件和文件夹无论共享与否都可以赋予权限。

只有在 NTFS 文件系统中用户才可使用"活动目录"和基于域的安全策略,Windows NT 4.0、Windows 2000、Windows XP、Windows 2003 能访问 NTFS 文件系统。

3.1.4　实践　FAT32 分区转换为 NTFS 分区

实验 3-1　在 Windows 的"命令提示符"窗口中输入 Convert d:/FS：NTFS,将 D 盘 (FAT32 分区)转换为 NTFS 分区。

3.2　文件服务器

文件服务器提供网络上的中心位置,可供存储文件并通过网络与用户共享文件。当用户需要重要文件(比如项目计划)时,可以访问文件服务器上的文件,而不必在各自独立的计算机之间传送文件。例如,可以考虑将公司不同部门的文件放在各自的文件夹下,并为这些文件夹设置权限,公司内部的人员受权限的限制,可以访问被允许访问的文件。

3.2.1　安装前的准备

将计算机配置为文件服务器之前,请验证:

(1) 计算机作为成员服务器加入 Active Directory 域中。

如果希望验证客户端的身份,或者将共享文件夹发布到 Active Directory,文件服务器就必须加入域中。如果不需要执行这两个任务,文件服务器就不需要加入域中。

(2) 分配所有可用磁盘空间。

(3) 所有现有的磁盘卷都使用 NTFS 文件系统。因为 FAT32 卷缺乏安全性,而且不支持文件和文件夹压缩、磁盘配额、文件加密或单个文件权限。

3.2.2　安装文件服务器

(1) 选择"开始"→"管理工具"→"服务器管理器"选项。

(2) 打开"服务器管理器"窗口,单击左边窗格中的"角色"。

(3) 单击右边窗格中的"添加角色"。

(4) 如图 3-1 所示,打开"选择服务器角色"对话框,选择"文件服务"复选框,单击"下一步"按钮。

(5) 打开"文件服务器"对话框,单击"下一步"按钮。

(6) 如图 3-2 所示,打开"选择角色服务"对话框,选择"文件服务器"复选框,单击"下一步"按钮。

(7) 打开"确认"对话框,单击"安装"按钮。

(8) 打开"安装结果"对话框,单击"关闭"按钮,完成文件服务器的安装。

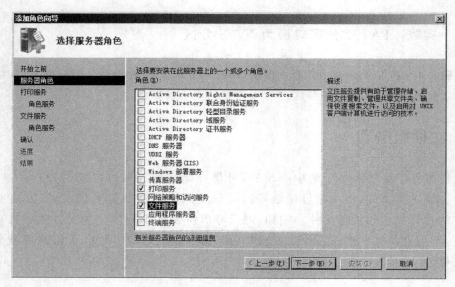

图 3-1 "选择服务器角色"对话框

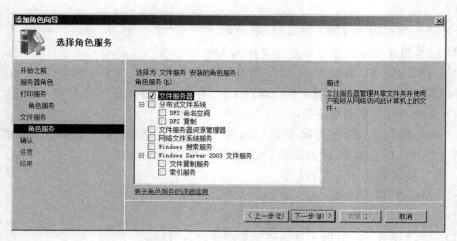

图 3-2 "选择角色服务"对话框

3.2.3 快捷设置资源共享

(1) 在 Windows 资源管理器中,右击要想创建共享的文件夹或驱动器,选择"共享"快捷菜单,如图 3-3 所示,打开"文件共享"对话框,单击"共享"按钮。

(2) 如图 3-4 所示,打开"网络发现和文件共享"对话框,单击"否,使已连接到的网络成为专用网络"。

(3) 如图 3-5 所示,打开"您的文件已共享"对话框,单击"完成"按钮。此时文件夹已共享,用户可从网络访问此文件夹。

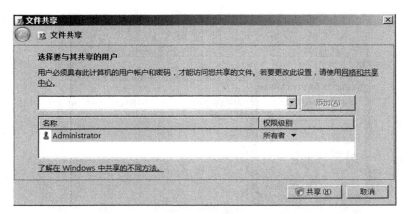

图 3-3 "文件共享"对话框

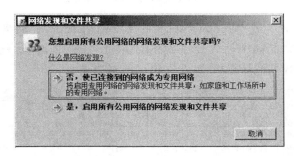

图 3-4 "网络发现和文件共享"对话框

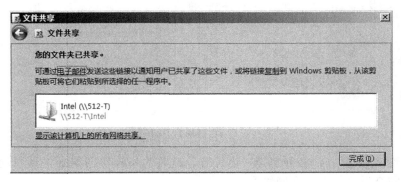

图 3-5 "您的文件已共享"对话框

3.2.4 通过网上邻居访问共享资源

（1）对于 Windows XP 系统，双击桌面上的"网上邻居"图标，打开"网上邻居"窗口，单击工具栏中的"搜索"按钮，在窗口左边的"计算机名"文本框中输入要查找的计算机名或 IP 地址，然后单击"搜索"按钮，如图 3-6 所示。如果能找到此计算机，就会在窗口的右边显示。

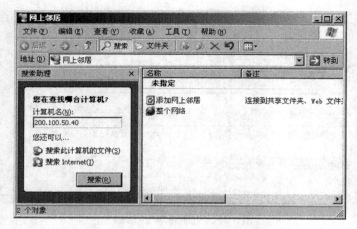

图 3-6 "网上邻居"窗口查找计算机

（2）对于 Windows 7 或 Windows 2008 系统，双击桌面上的"网络"图标，打开"网络"窗口，在"网络搜索"文本框中输入要查找的计算机名或 IP 地址，然后按 Enter 键，如图 3-7 所示。如果能找到此计算机，就会在窗口的右边显示。

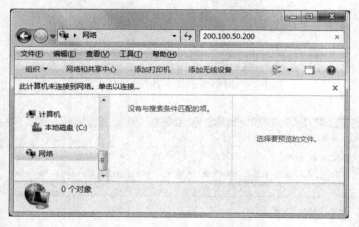

图 3-7 "网络"窗口查找计算机

第一次连接到网络时，必须选择网络位置。这将为所连接网络的类型自动设置适当的防火墙和安全设置。有四个网络位置。

① 家庭网络中的计算机可以属于某个家庭组。对于家庭网络，"网络发现"处于启用状态，它允许查看网络上的其他计算机和设备，并允许其他网络用户查看自己的计算机。

② 对于小型办公网络或其他工作区网络，请选择"工作网络"。默认情况下，"网络发现"处于启用状态，它允许查看网络上的其他计算机和设备，并允许其他网络用户查看计算机，但是无法创建或加入家庭组。

③ 为公共场所（例如，咖啡店或机场）中的网络选择"公用网络"。此位置旨在使计算机对周围的计算机不可见，并且帮助保护计算机免受来自 Internet 的任何恶意软件的攻击。家庭组在公用网络中不可用，并且发现网络也是禁用的。如果没有使用路由器直接

连接到 Internet,或者具有移动宽带连接,也应该选择此选项。

④ "域"网络位置用于域网络(如在企业工作区的网络)。这种类型的网络位置由网络管理员控制,因此无法选择或更改。

⑤ 更改网络位置:右击桌面上的"网络"图标,打开"网络和共享中心"。单击"工作网络"、"家庭网络"或"公用网络",然后单击所需的网络位置。

3.2.5 直接运行访问共享资源

选择"开始",再选择"附件"中的"运行"选项,打开"运行"对话框,在"打开"文本框中输入"\\计算机名\共享名"或"\\计算机的 IP 地址\共享名",如图 3-8 所示,单击"确定"按钮。

图 3-8 "运行"对话框

3.2.6 实践 安装文件服务器并共享一个文件夹

实验 3-2 安装文件服务器,选一个 C 盘的文件夹,将它共享,网络中的另一台计算机访问此共享文件夹。

3.3 网络打印概述

网络打印是指通过打印服务器将打印机作为独立的设备接入局域网或 Internet,从而使打印机摆脱一直以来作为计算机外设的附属设备,使之成为网络中的独立成员,成为一个网络节点和可信息管理的输出终端,其他成员可以直接访问该打印机。

如果没有网络打印机,可以利用计算机担任打印服务器,安装普通打印机,并将该打印机设置为共享打印机,实现网络打印共享。

3.3.1 安装打印机驱动程序

(1) 新买的打印机一般都附带光盘,此光盘有打印机的驱动程序,可运行 setup.exe

程序,安装驱动程序。

（2）也可到打印机的生产厂商网站上下载打印机的驱动程序,然后安装打印机的驱动程序。

3.3.2 安装本地打印机

（1）选择"开始"→"控制面板"→"硬件和声音"下面的"打印机"选项。

（2）打开"打印机"对话框,单击"添加打印机"图标。

（3）如图 3-9 所示,打开"选择本地或网络打印机"对话框,如选择"添加本地打印机"。

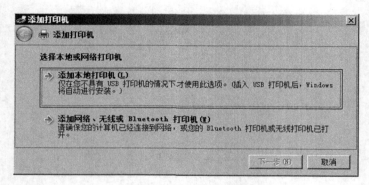

图 3-9 "选择本地或网络打印机"对话框

（4）如图 3-10 所示,打开"安装打印机驱动程序"对话框,在"厂商"列表框中,单击打印机制造商,然后,在"打印机"列表框中选择打印机型号。单击"下一步"按钮。

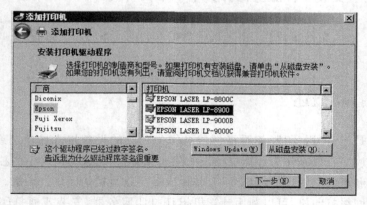

图 3-10 "安装打印机驱动程序"对话框

（5）如图 3-11 所示,打开"键入打印机名称"对话框,在"打印机名称"文本框中输入打印机名称(默认名称是打印机的制造商和型号)。单击"下一步"按钮。

（6）如图 3-12 所示,打开"打印机共享"对话框。选择"不共享这台打印机"单选按钮(默认情况下单击"共享此打印机以便网络中的其他用户可以找到并使用它"单选按钮,以

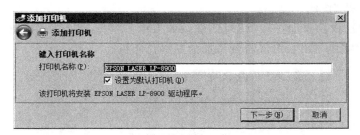

图 3-11 "键入打印机名称"对话框

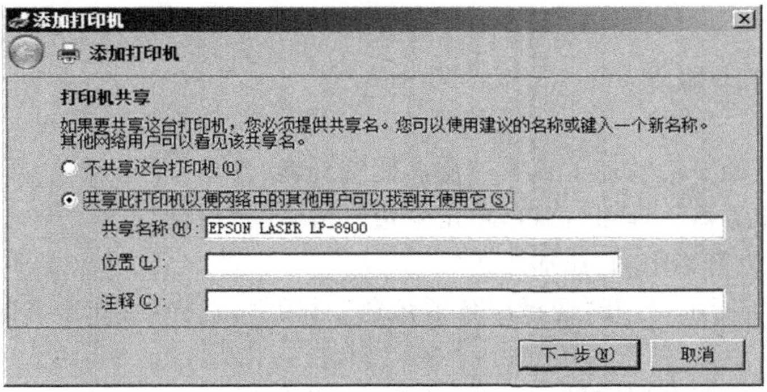

图 3-12 "打印机共享"对话框

便共享打印机)。单击"下一步"按钮。

（7）打开"已成功添加打印机"对话框。如果单击"打印测试页"按钮，打印机可打印测试页。单击"完成"按钮，可以看到添加的打印机。

注意：如果要在 Active Directory 中发布打印机，则打印服务器必须是成员服务器。

3.3.3 安装网络打印机

（1）选择"开始"→"控制面板"→"硬件和声音"下面的"打印机"选项。

（2）打开"打印机"对话框，单击"添加打印机"图标。

（3）如图 3-9 所示，打开"选择本地或网络打印机"对话框，如选择"添加网络、无线或 Blueteeth 打印机"。

（4）打开"指定打印机"对话框，在"名称"文本框中输入"\\打印服务器名称或 IP 地址\打印机共享名"，然后单击"下一步"按钮。

提示：如果打印服务器是工作组，则打印服务器必须启用 Guest 账户。

（5）如图 3-13 所示，打开"连接到打印机"消息框，告诉你要在计算机上安装一个驱动程序（思考：如果客户机的操作系统与打印服务器的操作系统不同，应如何处理）。单击"是"按钮。

（6）打开"默认打印机"对话框。在"是否希望将这台打印机设置为默认打印机？"下，单击"是"单选按钮，将该打印机设置为客户端默认使用的打印机；否则，单击"否"单选按钮。单击"下一步"按钮。

(7) 打开"已成功添加打印机"对话框。如果单击"打印测试页"按钮，打印机可打印测试页。单击"完成"按钮，可以看到添加的网络打印机。

图 3-13　"连接到打印机"消息框

3.3.4　安装打印服务器

(1) 选择"开始"→"管理工具"→"服务器管理器"选项。

(2) 打开"服务器管理器"窗口，单击左边窗格中的"角色"。

(3) 单击右边窗格中的"添加角色"。

(4) 如图 3-1 所示，打开"选择服务器角色"对话框，选择"打印服务"复选框，单击"下一步"按钮。

(5) 打开"打印服务器"对话框，单击"下一步"按钮。

(6) 如图 3-14 所示，打开"选择角色服务"对话框，选择"角色服务"，单击"下一步"按钮。

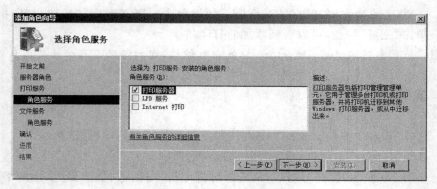

图 3-14　"选择角色服务"对话框

(7) 打开"确认"对话框，单击"安装"按钮。

(8) 打开"安装结果"对话框，单击"关闭"按钮。完成打印服务器的安装。

3.3.5　共享打印机

(1) 选择"开始"→"管理工具"→"打印管理"选项。

(2) 打开"打印管理"对话框，右击想要共享的打印机，单击快捷菜单"共享"选项。

（3）选择"共享"选项卡（如图 3-15 所示），选择"共享这台打印机"复选框，在"共享名"文本框中输入打印机的共享名称。

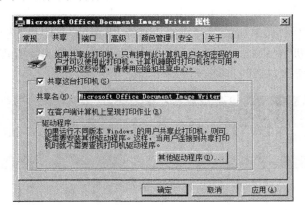

图 3-15 "共享"选项卡

（4）选择"安全"选项卡（如图 3-16 所示），单击"添加"按钮，可添加组或用户，并可为它们设置权限。选择用户名，选择权限复选框。

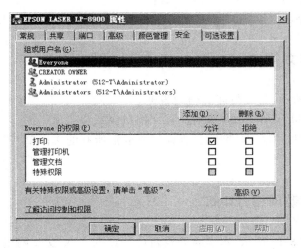

图 3-16 "安全"选项卡

有以下三种等级的打印安全权限。

① 打印：可以打印文档。

② 管理打印机：拥有"打印"权限，并拥有对打印机的安全管理控制权。用户可以暂停和重新启动打印机、更改打印后台处理程序设置、共享打印机、调整打印机权限，更改打印机属性。

③ 管理文档：用户可暂停、继续、重新开始和取消由其他用户提交的文档，还可重新安排这些文档的顺序。

（5）单击"确认"按钮。返回"打印管理"对话框。可以看到打印机已共享了。

3.3.6 查看打印队列

(1) 选择"开始"→"控制面板"→"硬件和声音"下面的"打印机"选项。

(2) 打开"打印机"对话框,单击"添加打印机"图标。双击想要管理的打印机。

(3) 如图 3-17 所示,打开打印队列列表框。

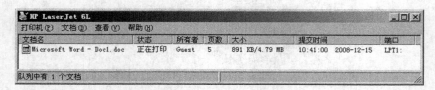

图 3-17　打印队列列表框

3.3.7 暂停和继续打印文档

(1) 如图 3-17 所示,打开打印队列列表框。

(2) 右击要暂停或继续打印的文档,单击快捷菜单中的"暂停"或"继续"选项。

3.3.8 删除打印文件

(1) 如图 3-17 所示,打开打印队列列表框。

(2) 单击"打印机"菜单下的"取消所有文档"选项。

(3) 打开"打印机"消息框,询问是否确实要取消所有的文档单击"是"按钮,可删除所有打印文件。

3.3.9 实践　安装网络打印机

实验 3-3　如图 3-18 所示,本实验需要两台计算机,一根交叉网线。

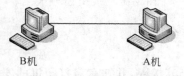

B机　　　　　　A机

图 3-18　安装网络打印机实验环境

实验要求:

(1) A 机为域控制器,安装打印服务,安装网络打印机。设置 a 用户有打印权限;b 用户有管理打印机权限;c 用户有管理文档权限;d 用户无任何权限。

(2) 在 B 机上验证不同的用户的打印权限。

第4章 访问控制、安全策略及访问控制实践

4.1 访问控制

访问控制是批准用户、组和计算机访问网络上的对象的过程。组成访问控制的关键概念是：权限、对象的所有权、权限的继承、对象审核。

（1）权限是与对象关联的规则，用来控制谁可以访问对象及访问的方式如何。权限由对象的所有者授予或拒绝，定义了授予用户或组对某个对象或对象属性的访问类型。权限可应用到任何受保护的对象，可以授予任何用户、组或计算机。好的做法是将权限指派到组。

（2）对象的所有权：对象在创建时，即有一个所有者指派给该对象。所有者被默认为对象的创建者，不管为对象设置什么权限，对象的所有者总是可以更改对象的权限。

（3）权限的继承：继承方便管理员容易地指派和管理权限。该功能自动使容器中的对象继承该容器的所有可继承权限。例如，文件夹中的文件，一经创建就继承了文件夹的权限。

（4）对象审核：可以审核用户对对象的访问情况，使用事件查看器在安全日志中查看这些与安全相关的事件。

4.1.1 共享权限

共享权限应用于通过网络访问资源的用户，FAT 分区或 NTFS 分区均能设置共享权限。

1. 设置共享权限

（1）右击"开始"，在弹出的快捷菜单中单击"资源管理器"选项，打开"资源管理器"窗口。

（2）右击要设置共享权限的文件夹，在弹出的快捷菜单中单击"属性"选项。

（3）打开"属性"对话框，单击"共享"选项卡，如图 4-1 所示。如单击"共享"按钮，为通过网络访问该文件夹的用户设置权限。

（4）如单击"高级共享"按钮，可设置自定义权限。如图 4-2 所示，打开"高级共享"对话框，显示有共享名。如果要改变组或用户的共享权限，单击"权限"按钮。

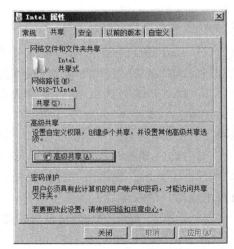

图 4-1 "共享"选项卡

（5）如图 4-3 所示，打开"Intel 的权限"对话框，如单击"添加"按钮，可添加通过网络访问该文件夹的组或用户。如在"组或用户名"列表框中选择组或用户，可在下面的权限框中选择相应的共享权限复选框。

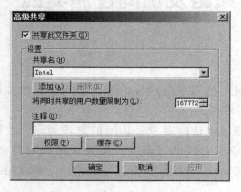
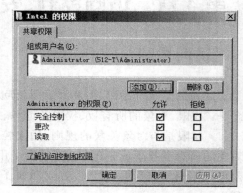

图 4-2　"高级共享"对话框　　　　　图 4-3　"Intel 的权限"对话框

（6）设置完成后，单击"确定"按钮。

2．共享权限

（1）"读取"权限：查看文件名和子文件夹名、查看文件中的数据。

（2）"更改"权限：允许所有的"读取"权限、添加文件和子文件夹、更改文件中的数据、删除子文件夹和文件。

（3）"完全控制"权限：允许全部读取及更改权限、设置用户的权限。

4.1.2　文件夹的安全权限

安全权限应用于通过网络或在本机上访问资源的用户，只适用于 NTFS 分区。

1．设置安全权限

（1）右击"开始"，在弹出的快捷菜单中单击"资源管理器"选项，打开"资源管理器"窗口。

（2）在 NTFS 分区上，右击要设置安全权限的文件夹，在弹出的快捷菜单中单击"属性"选项。

（3）打开"属性"对话框，单击"安全"选项卡，如图 4-4 所示。如单击"编辑"按钮，可添加、修改组或用户的权限。

（4）如单击"高级"按钮，可设置特殊权限。

① 单击"权限"选项卡，然后单击"新建"按钮。如图 4-5 所示，设置特殊权限。

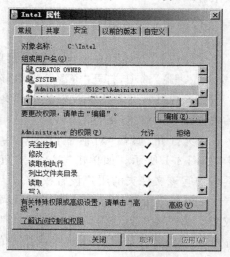

图 4-4　"安全"选项卡

② 单击"审核"选项卡，显示要审核的组或用户名。删除组或用户的审核，应单击该组或用户，然后单击"删除"按钮；增加组或用户的审核，单击"添加"按钮。修改组或用户的审核，应单击该组或用户，然后单击"编辑"按钮。如图 4-6 所示，可设置审核成功和失败。

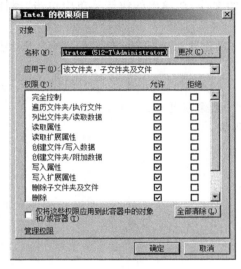 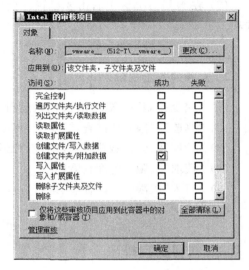

图 4-5 "Intel 的权限项目"对话框   图 4-6 "Intel 的审核项目"对话框

③ 单击"所有者"选项卡，显示该文件夹的所有者。每个对象都有所有者，无论是在 NTFS 卷中或者在 Active Directory 中。所有者控制如何设置对象的权限以及将权限授予谁。

④ 单击"有效权限"选项卡，选择要查看该文件夹有效权限的组或用户，能显示该组或用户的有效权限。

2. 文件夹的安全权限

（1）"完全控制"权限：允许查看、运行、更改、删除和更改所有者。

（2）"修改"权限：允许查看、运行、更改和删除。

（3）"读取和运行"权限：允许查看和运行。

（4）"列出文件夹目录"权限：允许列出文件夹内容。

（5）"读取"权限：允许查看。

（6）"写入"权限：允许查看、运行、更改和删除。

（7）"特别"权限

4.1.3 文件的安全权限

文件的安全权限只有 NTFS 分区才有。

1. 设置安全权限

（1）右击"开始"，在弹出的快捷菜单中单击"资源管理器"选项，打开"资源管理器"窗口。

（2）在 NTFS 分区上右击要设置安全权限的文件，在弹出的快捷菜单中单击"属性"选项。

（3）打开"属性"对话框，单击"安全"选项卡（操作同 4.1.2 节文件夹的安全权限）。

2. 文件的安全权限

（1）"完全控制"权限：允许查看、运行、更改、删除和更改所有者。

（2）"修改"权限：允许查看、运行、更改和删除。

（3）"读取和运行"权限：允许查看和运行。

（4）"读取"权限：允许查看。

（5）"写入"权限：允许查看、运行、更改和删除。

（6）"特别"权限

4.1.4　如何确定权限

（1）FAT 分区只能设置共享的权限，远程机用户访问时会受共享的权限限制，本地用户访问时无任何限制。

（2）NTFS 分区能设置共享和安全的权限，远程机用户访问时会受共享和安全的权限限制，取其权力最小的；本地用户访问时只受安全的权限的限制。

（3）同一个用户在不同的组中，设置不同的权限，此用户的权限为不同组的权限之和（即取其最大的权力），但除有拒绝权限之外；如有拒绝权限，此用户的此项权限为无权限。

（4）文件的权限优先文件夹的权限。

4.2　安全策略

所有安全策略都是基于计算机的策略。账户策略定义在计算机上，可影响用户账户与计算机或域交互作用的方式。

如果本地计算机已连接到某个域，那么就必须从该域的策略中或者从所属的组织单位的策略中获取安全策略。

4.2.1　安全策略简介

1. 账户策略包含三个子集

（1）密码策略。用于域或本地用户账户，确定密码设置（如强制执行和有效期限）。

（2）账户锁定策略。用于域或本地用户账户,确定某个账户被锁定在系统之外的情况和时间长短。

（3）Kerberos策略。用于域用户账户,确定与Kerberos相关的设置(如票的有限期限和强制执行)。本地计算机策略中没有Kerberos策略。

注意:对于域账户,只有一种账户策略。账户策略必须在"默认域策略"中定义,且由组成该域的域控制器实施。

2. 本地策略包含三个子集

（1）审核策略。确定是否将安全事件记录到计算机上的安全日志中,同时也确定是否记录登录成功或登录失败,或二者都记录。

（2）用户权利指派。确定哪些用户或组具有登录计算机的权利或特权。

（3）安全选项。启用或禁用计算机的安全设置,例如数据的数字信号、Administrator和Guest的账户名、软盘驱动器和光盘的访问、驱动程序的安装以及登录提示。

4.2.2　设置安全策略

单击"开始"→"管理工具"→"本地安全策略"选项。

（1）如图4-7所示,单击左边窗格的"密码策略",可在右边窗格中看到应用的密码策略。如果要修改,可双击要修改的策略。如修改"密码长度最小值",则双击"密码长度最小值"策略,在组合框中输入密码长度最小值的数字,单击"确定"按钮。

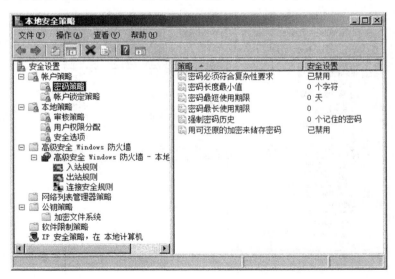

图 4-7　密码策略

（2）如图4-8所示,单击左边窗格的"账户锁定策略",可在右边窗格中看到应用的账户锁定策略。如果要修改,可双击要修改的策略。

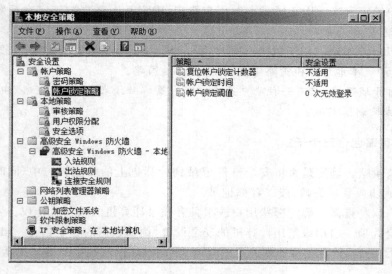

图 4-8　账户锁定策略

（3）如图 4-9 所示，单击左边窗格的"审核策略"，可在右边窗格中看到应用的审核策略。如果要修改，可双击要修改的策略。如修改"审核对象访问"，则双击"审核对象访问"策略，选择相应的"成功"或"失败"复选框，单击"确定"按钮。

注意：要启用基于操作的审核，必须启用"审核对象访问"策略设置，并将审核策略应用到特定文件夹。只有文件和文件夹可以设置以生成基于操作的审核。

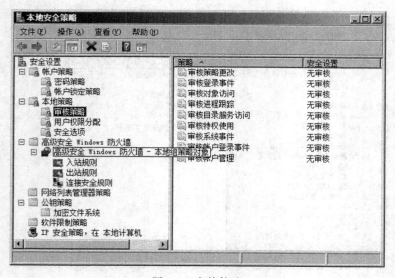

图 4-9　审核策略

（4）如图 4-10 所示，单击左边窗格的"用户权限分配"，可在右边窗格中看到应用的用户权限分配策略。如果要修改，可双击要修改的策略。

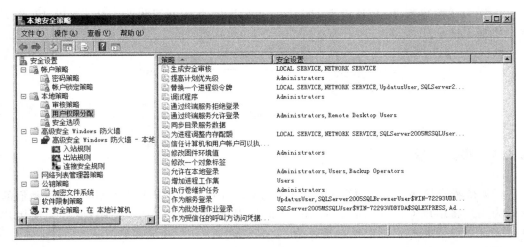

图 4-10　用户权限分配

（5）如图 4-11 所示，单击左边窗格的"安全选项"，可在右边窗格中看到应用的安全选项策略。如果要修改，可双击要修改的策略。

图 4-11　安全选项

4.3　访问控制实践

4.3.1　实验环境

实验环境：本实验应分组进行，每组配置两台计算机，两根交叉网线。如图 4-12所示。

A机为域控制器,IP地址设为192.168.2.5;B机的IP地址设为192.168.2.12,作为客户机加入域。

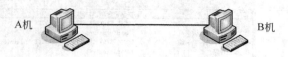

A机　　　　　　　　　　　　　　　　　B机

图4-12　访问控制实验

4.3.2　实验要求

(1) 在域控制器上建立两个用户组G1与G2,并建立三个用户U1、U2和U3(他们的密码为空),将用户U1、U2加入G1用户组,将用户U3、U2加入G2用户组,并使用户U1、U2和U3在域控制器上能本地登录。

提示1:在域控制器上,将"账户策略"与"本地策略"整合到"管理工具"下的"组策略管理"中。

提示2:让用户U1、U2和U3在域控制器上能本地登录,操作过程为:选中"管理工具"下的"组策略管理",打开"组策略管理"窗口,展开左边窗格"林"下的"域",展开域名,右击计算机的域名下的Default Domain Controllers Policy(默认域控制器策略),选择"编辑"。打开"组策略管理编辑器"窗口,在左边窗格选择"计算机配置"→"策略"→"Windows设置"→"安全设置"选项,在"本地策略"下面的"用户权限分配"中,将用户或组设为"允许本地登录"。

提示3:使用户U1、U2和U3的密码为空,操作过程为:选中"管理工具"下的"组策略管理",打开"组策略管理"窗口,展开左边窗格"林"下的"域",展开域名,右击计算机的域名下的Default Domain Policy(默认域策略),选择"编辑"。打开"组策略管理编辑器"窗口,展开左边窗格"计算机配置"下"策略",再展开"Windows设置"下"安全设置",有"账户策略"。必须在"账户策略"下面的"密码策略"中,设置禁用"密码必须符合复杂性要求"和"密码长度最小值"为0。

(2) 对FAT32分区中的某个文件夹设置,如表4-1所示。

表4-1　设置FAT32分区中的某个文件夹

G2组 共享	G1组 共享	用户U2的本地权限	用户U2的远程权限
无权限	读取		
无权限	更改		
更改	读取		
拒绝读取	读取、更改		
拒绝更改	读取、更改		
完全控制	读取、更改		

填写这张表格,看能得出什么结论?

（3）对 NTFS 分区中的某个文件夹设置，如表 4-2 所示。

表 4-2 设置 NTFS 分区中的某个文件夹

G1 组 共享	G1 组 安全	用户 U2 的本地权限	用户 U2 的远程权限
读取	读取		
更改	读取		
读取	列出文件夹目录		
读取	读取和运行、写入、修改		
拒绝更改	读取、修改、写入		
读取、更改	拒绝修改、拒绝写入		

填写这张表格，看能得出什么结论？

（4）对 NTFS 分区中的某个文件夹设置，如表 4-3 所示。

表 4-3 设置 NTFS 分区中的某个文件夹

G1 组 安全	G2 组 安全	用户 U2 的本地权限
读取	修改、写入	
读取和运行	读取、修改、写入	
读取、修改、写入	读取、写入、拒绝修改	
拒绝读取	读取和运行、写入	
拒绝修改	读取、修改、写入	
读取、修改	无权限	

填写这张表格，看能得出什么结论？

（5）对 NTFS 分区中的某个文件夹及文件夹下的文件设置，如表 4-4 所示。

表 4-4 设置 NTFS 分区中的某个文件夹及文件夹下的文件

用户 U2 文件夹的安全权限	用户 U2 文件夹下的文件的安全权限	用户 U2 对文件的权限
读取	修改、写入	
读取和运行	读取、修改、写入	
读取、修改、写入	写入、拒绝读取	
拒绝读取	读取和运行、写入	
拒绝修改	读取、修改、写入	
读取、修改	无权限	

填写这张表格，看能得出什么结论？

第 5 章　DNS 服务

由于在 Internet 中访问计算机使用 IP 地址,因此当人们用浏览器在 URL 中输入域名时,就需要有一套方法将域名解析成对应的 IP 地址。

5.1　名称解析服务

名称解析服务有以下两个功能:

(1) 完成名字和 IP 的解析(在和其他计算机通信前,计算机名必须先解析成 IP 地址)。

(2) 定位服务(例如,域环境下,客户端要找到域控制器 DC 才能完成登录,要实现这个目的可以利用 WINS 查找服务 ID 号为[1CH]这样的记录,也可以使用 DNS 查找 SRV 记录)。

5.1.1　名称服务

名称服务包括:

(1) HOSTS 文件和 DNS 服务主要解决主机名(TCP/IP 主机)与 IP 地址的对照问题,通用于各种网络体系。

(2) LMHOSTS 文件和 WINS 服务解决的是计算机名(NetBIOS 名)与 IP 地址的对照问题,只适用于微软系统。

5.1.2　HOSTS 文件

(1) HOSTS 文件是一个纯文本文件,可用文本编辑器软件来处理,这个文件以静态映射的方式提供主机名(TCP/IP 主机)与 IP 地址的对照表。

(2) 在 Windows 2008 上,HOSTS 文件存放在操作系统安装文件夹(如 C:\windows)下的子文件夹 SYSTEM32\DRIVERS\ETC 中,使用前注意 HOSTS 文件没有扩展名。

(3) HOSTS 文件的格式为:

① ♯　注释。

② IP 地址　计算机名。

例如

```
192.168.1.5      www.a.com
192.168.3.1      aaa
```

实验 5-1 编辑 HOSTS 文件,将 www.abc.com 解析成你的计算机的 IP 地址。在 Windows 命令窗口,输入 ping www.abc.com 验证。

5.1.3 DNS 概述

DNS 是域名系统(Domain Name Server)的缩写,是一种组织成域层次结构的计算机和网络服务命名系统。它是嵌套在阶层式域结构中的主机名称解析和网络服务的系统。该系统用于命名组织到域层次结构中的计算机和网络服务。DNS 命名用于 TCP/IP 网络,如 Internet,用来通过用户友好的名称定位计算机和服务。DNS 是提供主机名到 IP 地址转换的一段计算机程序。

当用户提出利用计算机的主机名称查询相应的 IP 地址请求的时候,DNS 服务器从其数据库提供所需的数据。

如图 5-1 所示,客户端查询 DNS 服务器,请求配置成使用 host-a.example.microsoft.com 作为其 DNS 域名的计算机的 IP 地址。由于 DNS 服务器能够根据其本地数据库应答查询,因此,服务器将以包含所请求信息的应答回复客户端,即包含 host-a.example.microsoft.com 的 IP 地址信息的主机(A)资源记录。

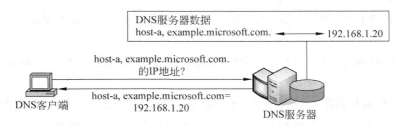

图 5-1　DNS 根据计算机名称搜索其 IP 地址

DNS 查找类型分以下两种。

(1) 正向查找:名字到 IP 地址的解析。

(2) 反向查找:IP 地址到名字的解析。

5.1.4 DNS 查询的工作原理

(1) DNS 查询以各种不同的方式进行解析。

① 客户端可使用从先前的查询获得的缓存信息就地应答查询。

② DNS 服务器也可使用其自身的资源记录信息缓存来应答查询。

③ DNS 服务器也可代表请求客户端查询或联系其他 DNS 服务器,以便完全解析该名称,并随后将应答返回至客户端。这个过程称为递归。

④ 客户端自己可尝试联系其他 DNS 服务器来解析名称。它会根据来自服务器的参考答案,使用其他独立查询,该过程称为迭代。

（2）如图 5-2 所示，显示了完整的 DNS 查询过程的概况。

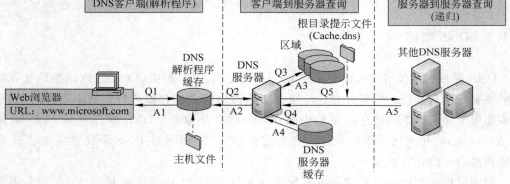

图 5-2   DNS 查询过程

① DNS 域名解析程序由本机的程序使用。该请求随后传送至 DNS 客户服务，以便使用本地缓存信息进行解析。如果可以解析查询的名称，则应答该查询，该处理完成。

- 如果本地配置主机文件，则来自该文件的任何主机名称到地址的映射，在 DNS 客户服务启动时将预先加载到缓存中。
- 从以前的 DNS 查询应答的响应中获取的资源记录，将被添加至缓存并保留一段时间。

② 如果此查询与缓存中的项目不匹配，则解析过程继续进行，客户端查询 DNS 服务器来解析名称。

③ 当 DNS 服务器接收到查询时，首先检查它能否根据在服务器的本地配置区域中获取的资源记录信息作出权威性的应答。如果查询的名称与本地区域信息中的相应资源记录匹配，则使用该信息来解析查询的名称，服务器作出权威性的应答。

④ 如果区域信息中没有查询的名称，则服务器检查它能否通过来自先前查询的本地缓存信息来解析该名称。如果从中发现匹配的信息，则服务器使用该信息应答查询。如果首选服务器可使用来自其缓存的肯定匹配响应来应答发出请求的客户端，则此次查询完成。

⑤ 如果无论从缓存还是从区域信息，查询的名称在首选服务器中都未发现匹配的应答，那么查询过程可继续进行，使用递归来完全解析名称。这涉及来自其他 DNS 服务器的支持，以便帮助解析名称。在默认情况下，DNS 客户端服务要求服务器，在返回应答前使用递归过程来代表客户端完全解析名称。

5.1.5   DNS 的区域

在 DNS 数据库中，区域是指由 DNS 服务器管理的可操作的 DNS 数据库单元，它是存储域名以及具有相应名称域的数据的区域（除存储在委派的子域中的域名外）。

区域是域名空间中一个连续的部分。

（1）一个 DNS 服务器上可以驻留多个区域。

（2）可以驻留不同类型的区域。

区域可分为：

（1）标准主区域。它包含区域文件的一个读写版本。该区域文件存储为标准的文本文件，区域的任何变化都被记录在该文件中。

（2）标准辅助区域。它包含区域文件的一个只读版本。该区域文件存储为标准的文本文件，该区域的任何变化都被记录在主区域文件中，并被复制到辅助区域文件中。

（3）活动目录集成区域。它将区域信息存储在活动目录中，而非文本文件中。该区域更新在活动目录的复制过程中自动发生。

5.1.6　DNS 的子域

创建一个子域可以更好地管理名称空间：

（1）委派管理名称空间的哪部分。

（2）委派管理任务，保持一个大型的 DNS 数据库。

5.2　安装 DNS 服务与配置

DNS 服务安装之前，DNS 服务器要有静态的 IP 地址。活动目录服务依赖于 DNS 进行名称解析，要确定活动目录组件在网络中的位置，如域控制器。

5.2.1　安装 DNS 服务

（1）选择"开始"→"管理工具"→"服务器管理器"选项。

（2）打开"服务器管理器"窗口，单击左边窗格中的"角色"。

（3）单击右边窗格中的"添加角色"。

（4）如图 5-3 所示，打开"选择服务器角色"对话框，选择"DNS 服务器"复选框，单击"下一步"按钮。

（5）打开"DNS 服务器"对话框，单击"下一步"按钮。

（6）打开"确认"对话框，单击"安装"按钮。

（7）打开"安装结果"对话框，单击"关闭"按钮，完成 DNS 服务器的安装。

5.2.2　打开 DNS 控制台

（1）选择"开始"→"管理工具"→DNS 选项。

（2）如图 5-4 所示，打开 DNS 控制台。

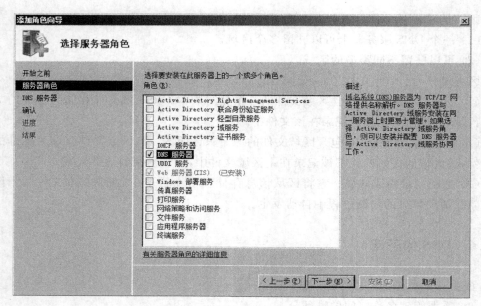

图 5-3 "选择服务器角色"对话框

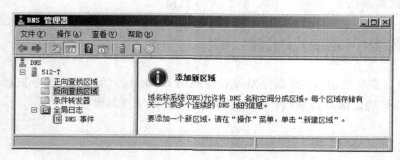

图 5-4 DNS 控制台

5.2.3 新建区域

(1) 打开 DNS 控制台,展开左边窗格的 DNS 服务器。

(2) 右击"正向查找区域",在弹出的快捷菜单中单击"新建区域"选项。

(3) 如图 5-5 所示,打开"区域类型"对话框,单击区域的类型(默认为"主要区域")单选按钮。如果为域控制器,可选择"在 Active Directory 中存储区域"复选框,单击"下一步"按钮。

(4) 如图 5-6 所示,打开"区域名称"对话框,在文本框中输入区域名,单击"下一步"按钮。

(5) 如图 5-7 所示,打开"区域文件"对话框,默认选中"创建新文件,文件名为"单选按钮,在下面的文本框中自动写入前面写的区域名加.dns(如 ibm.com.dns),单击"下一步"按钮。

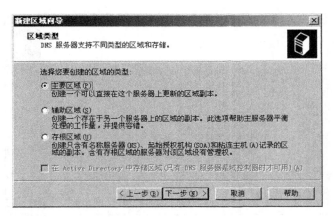

图 5-5 "区域类型"对话框

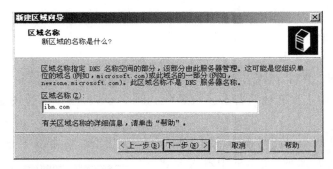

图 5-6 "区域名称"对话框

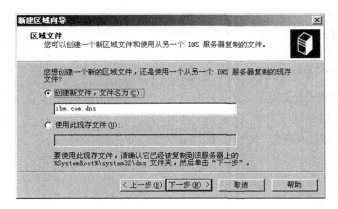

图 5-7 "区域文件"对话框

（6）如图 5-8 所示，打开"动态更新"对话框，默认选中"不允许动态更新"单选按钮，（安装完成后，也可以修改），单击"下一步"按钮。

（7）打开"正在完成新建区域向导"对话框，显示自己所做的选择，如果想要修改，单击"上一步"按钮；否则，单击"完成"按钮。

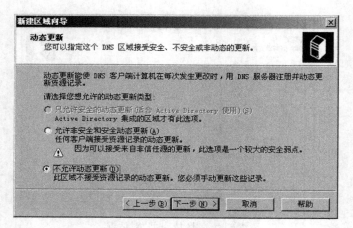

图 5-8 "动态更新"对话框

5.2.4 新建主机

（1）打开 DNS 控制台，展开左边窗格的 DNS 服务器。

（2）展开"正向查找区域"，右击区域名（如 ibm.com），在弹出的快捷菜单中单击"新建主机"选项。

（3）如图 5-9 所示，打开"新建主机"对话框。在"名称"文本框中输入要建立的主机名（如 www），在"IP 地址"文本框中输入要建立的主机的 IP 地址（如 200.100.50.40，这样将 www.ibm.com 解析为 200.100.50.40 的 IP 地址）。如果选中"创建相关的指针（PTR）记录"复选框，将在 DNS 中自动更新 DHCP 客户机信息，这只有当请 DHCP 客户机请求时才更新 DNS。完成后单击"添加主机"按钮。

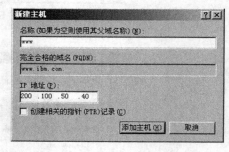

图 5-9 "新建主机"对话框

（4）打开"成功创建了主机记录 www.ibm.com"的消息框。单击"确定"按钮。这样成功地创建了主机记录。

5.2.5 新建别名

别名记录用来标识同一主机的不同用途。

（1）打开 DNS 控制台，展开左边窗格的 DNS 服务器。

（2）展开"正向查找区域"，右击区域名（如 ibm.com），在弹出的快捷菜单中单击"新建别名（CNAME）"选项。

（3）如图 5-10 所示，打开“别名”对话框。在“别名”文本框中输入要建立的别名名称
（如 ftp），在“目标主机的完全合格的域名（FQDN）”文本框中，输入该别名对应的主机的
全称域名名称（如 www.ibm.com）。

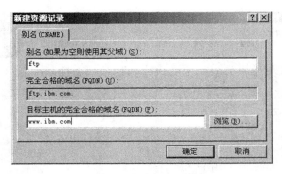

图 5-10 “别名”对话框

（4）完成后单击“确定”按钮，这样成功地创建了别名记录。

5.2.6 新建反向搜索区域

（1）打开 DNS 控制台，展开左边窗格的 DNS 服务器。

（2）右击“反向查找区域”，在弹出的快捷菜单中单击“新建区域”选项。

（3）如图 5-5 所示，打开“区域类型”对话框，单击区域的类型（默认为“主要区域”）单
选按钮。如果为域控制器，可选择“在 Active Directory 中存储区域”复选框，单击“下一
步”按钮。

（4）如图 5-11 所示，打开“反向查找区域名称”对话框，默认选中“网络 ID”单选按钮，
在下面的文本框中，输入反向查找区域的网络 ID（如 100.50.20），然后单击“下一步”
按钮。

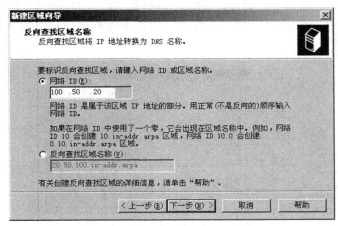

图 5-11 “反向查找区域名称”对话框

（5）如图 5-12 所示，打开"区域文件"对话框，默认选中"创建新文件，文件名为"单选按钮，在下面的文本框中自动写入图 5-12 所示的反向查找区域名称加. dns（如 20.50. 100. in-addr. arpa. dns），单击"下一步"按钮。

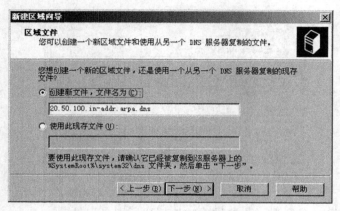

图 5-12 "区域文件"对话框

（6）如图 5-8 所示，打开"动态更新"对话框，默认选中"不允许动态更新"单选按钮，（安装完成后，也可以修改），单击"下一步"按钮。

（7）打开"正在完成新建区域向导"对话框，显示自己所做的选择，如果想要修改，单击"上一步"按钮；否则，单击"完成"按钮。

5.2.7 新建指针

（1）打开 DNS 控制台，展开左边窗格的 DNS 服务器。

（2）展开"反向查找区域"，右击区域名（如 100.50.20. x Subnet），在弹出的快捷菜单中单击"新建指针（PTR）"选项。

（3）如图 5-13 所示，打开"指针（PTR）"对话框。在"主机 IP 号"文本框中输入要建立的指针的 IP 地址（如 100.50.20.2），在"主机名"文本框中，输入该指针对应的主机名（如 www. b. com）。

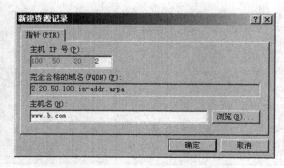

图 5-13 "指针（PTR）"对话框

提示：这样将 100.50.20.2 的 IP 地址解析为 www.b.com。

（4）完成后单击"确定"按钮，这样成功地创建了指针记录。

5.2.8 配置 DNS 服务启用转发器

（1）打开 DNS 控制台，右击左边窗格的 DNS 服务器，在弹出的快捷菜单中单击"属性"选项。

（2）如图 5-14 所示，打开"属性"对话框。单击"转发器"选项卡，默认为选中"如果没有转发器可用，请使用根提示"复选框。单击"编辑"按钮，打开"编辑转发器"对话框，如图 5-15 所示。输入要转发的 DNS 服务器的 IP 地址，单击"确定"按钮。

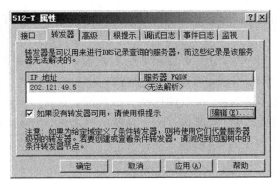

图 5-14 "转发器"选项卡

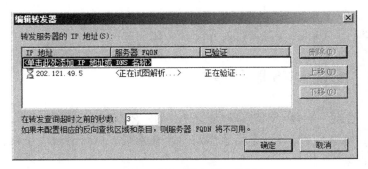

图 5-15 "编辑转发器"对话框

（3）返回"属性"对话框，完成后单击"确定"按钮。

5.3 配置 DNS 客户机

（1）在 Windows 中，右击"网络"，在弹出的快捷菜单中选择"属性"选项。

（2）在"网络和共享中心"窗口中，单击左边"任务"中的"管理网络连接"，打开"网络连接"窗口。右击"本地连接"，在弹出的快捷菜单中选择"属性"选项。

（3）如图 1-17 所示，选"网络"选项卡，双击"Internet 协议版本 4(TCP/IPv4)"。

（4）选中"使用下面的 IP 地址"单选按钮，输入 IP 地址和子网掩码（如图 1-18 所示）。选中"使用下面的 DNS 服务器地址"单选按钮，在"首选 DNS 服务器"文本框中，输入 DNS 服务器的 IP 地址。只有当不能联系到主 DNS 服务器时，才使用备用 DNS 服务器，在"备用 DNS 服务器"文本框中，输入备用 DNS 服务器的 IP 地址。然后单击"确定"按钮。

（5）最后在"本地连接属性"窗口中单击"确定"按钮。

5.4　验证 DNS 的配置

nslookup 显示可用来诊断域名系统(DNS)基础结构的信息，有两种模式：交互式和非交互式。

（1）如果仅需要查找一块数据，请使用非交互式模式。后面跟的第一个参数，为查找的计算机的名称或 IP 地址。

（2）如果需要查找多块数据，可以使用交互式模式。

（3）要随时中断交互式命令，请按 Ctrl＋B 键。要退出，请输入 exit。

例如，在 Windows 命令窗口输入：

```
nslookup
www.ibm.com            （正向解析）
100.50.20.2            （反向解析）
exit                   （退出）
```

清 DNS 缓存。可在命令窗口输入 ipconfig/flushdns。

5.5　实践　配置 DNS 服务器

实验 5-2　创建一个 DNS 服务器，使之为 DNS 客户机解析域名。

实验环境：如图 5-16 所示，本实验需要一台交换机、三台计算机、三根直通网线。

实验要求：

（1）A 机的 IP 地址为 192.168.5.1，是 DNS 服务器。

要求 DNS 能解析：

www.ibm.com 的 IP 地址为 192.168.5.1。

www.soft.com 的 IP 地址为 192.168.5.1。

ftp.soft.com 的 IP 地址为 192.168.5.4。

（2）B 机为 DNS 客户机，IP 地址为 192.168.5.3。

要求用：

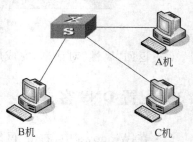

图 5-16　DNS 实验环境

  ping www. ibm. com

  ping www. soft. com

  ping ftp. soft. com

能连通。

  （3）C 机为 DNS 客户机，IP 地址为 192.168.5.4。

  要求使用：

  nslookup www. ibm. com

  nslookup www. soft. com

  nslookup ftp. soft. com

验证。

第 6 章　WWW 服务

网站文件要在 Internet 上发布,可以利用 Internet 信息服务(IIS),这样可使用户用浏览器访问此网站。IIS 支持网站创建、配置和管理,以及其他 Internet 功能的软件服务。IIS 包括"网络新闻传输协议"(NNTP)、"文件传输协议"(FTP) 和"简单邮件传送协议"(SMTP)。

6.1　Web 服务器

WWW 基于客户机/服务器模式,其中客户机就是 Web 浏览器,服务器就是指 Web 服务器。Web 浏览器将请求发送到 Web 服务器,服务器响应这种请求,将其所请求的页面或文档传送给 Web 浏览器,浏览器获得 Web 页面。Web 浏览器和服务器通过 HTTP 协议来建立连接、传输信息和终止连接,因此 Web 服务器也称为 HTTP 服务器。HTTP 协议(HyperText Transfer Protocol,超文本传输协议)是用于从 WWW 服务器传输超文本到本地浏览器的传送协议。它可以使浏览器更加高效,使网络传输减少。

6.2　安装 IIS

6.2.1　安装 IIS 之前

(1) 安装 TCP/IP 以及连接实用程序。

(2) 如果要在 Internet 上发布 Web 服务,则 Internet 服务提供商(ISP)必须为服务器提供 IP 地址和子网掩码,以及默认网关的 IP 地址。

(3) 建议安装以下可选组件

① 域名系统(DNS);

② 为了提高安全性,建议使用 NTFS 文件系统对所有 IIS 驱动器进行格式化;

③ 可以使用 FrontPage 或 dreamweaver 软件创建并编辑网站的 HTML 页面。

6.2.2　操作步骤

(1) 选择"开始"→"管理工具"→"服务器管理器"选项。

(2) 打开"服务器管理器"窗口,单击左边窗格中的"角色"。

(3) 单击右边窗格中的"添加角色"。

(4) 如图 6-1 所示,打开"选择服务器角色"对话框,选择"Web 服务器(IIS)"复选框,单击"下一步"按钮。

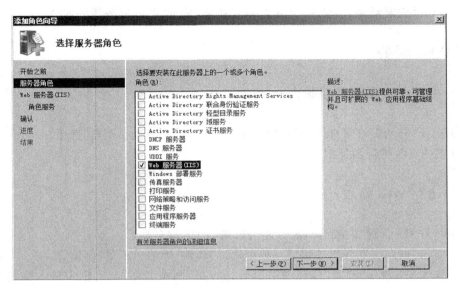

图 6-1 "选择服务器角色"对话框

（5）打开"Web 服务器（IIS）"对话框，单击"下一步"按钮。

（6）如图 6-2 所示，打开"选择角色服务"对话框，选择相应的复选框，单击"下一步"按钮。

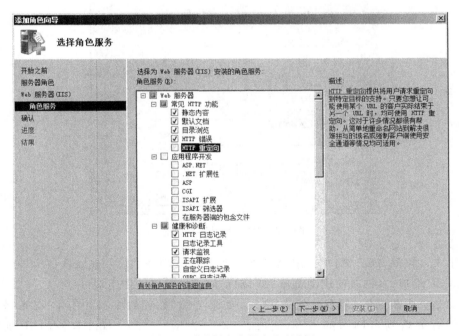

图 6-2 "选择角色服务"对话框

（7）打开"确认安装"对话框，单击"安装"按钮。

（8）打开"安装结果"对话框，单击"关闭"按钮，完成 Web 服务器的安装。

6.3 Web 服务

6.3.1 打开 IIS 管理器控制台

（1）选择"开始"→"管理工具"→"Internet 信息服务（IIS）管理器"选项。
（2）打开 IIS 管理器控制台。

6.3.2 建立 Web 站点

（1）打开 IIS 管理器控制台，展开左边窗格的 IIS 服务器。
（2）右击"网站"，在弹出的快捷菜单中选择"新建"下的子菜单"网站"选项。
（3）如图 6-3 所示，打开"添加网站"对话框，在"网站名称"文本框中输入描述（设置本网站站点的标识），在"物理路径"文本框中输入本 Web 站点的主目录（或单击…按钮，选择本 Web 站点的主目录），在"IP 地址"下拉列表框中输入本网站的 IP 地址（或选择本网站的 IP 地址），单击"确定"按钮。

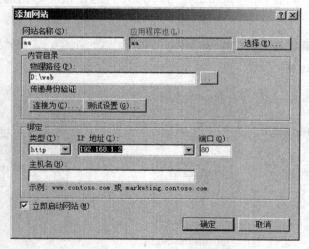

图 6-3 "添加网站"对话框

提示 1："网站 TCP 端口"指定 Web 服务所在的 TCP 端口，一般默认值为 80。如果不是 80TCP 端口，客户机使用浏览器（如 IE）访问该网站必须使用端口号。

提示 2："主机名"一般默认值为"无"。如果要填写，网络中必须有 DNS 服务器对此主机名有解析到本网站的 IP 地址，如主机名为 www.ibm.com 解析的 IP 地址为192.168.1.2。"主机名"不输入任何值时，客户机可用"http://web 服务器的 IP 地址"或"http://web 服务器名"访问，但"主机名"输入主机名时，客户机只能用"http://web 服务器名"访问，不能用"http://web 服务器的 IP 地址"访问。

提示 3：区分 Web 站点需要靠 IP 地址、TCP 端口以及主机名。

提示 4：如果 TCP 端口号为 80，客户机在 IE 的地址处要输入 http://200.100.50.40；而如果 TCP 端口号为 8080，客户机在 IE 的地址处要输入 http://200.100.50.40:8080。

6.3.3 配置 Web 站点

（1）打开 IIS 管理器控制台，展开左边窗格的 IIS 服务器下的"网站"，右击要配置的 Web 站点，在弹出的快捷菜单中单击"编辑绑定"选项。如图 6-4 所示，打开"网站绑定"对话框。单击"编辑"按钮，如图 6-5 所示，打开"编辑网站绑定"对话框，可以修改端口号与主机名。

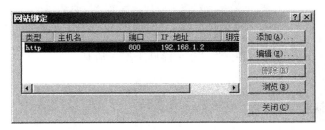

图 6-4 "网站绑定"对话框

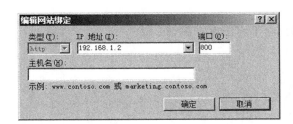

图 6-5 "编辑网站绑定"对话框

（2）设置网站的默认文档。

① 打开 IIS 管理器控制台，展开左边窗格的 IIS 服务器下的"网站"，单击要配置的 Web 站点，双击右边窗格中"默认文档"，Web 站点在网站的主目录中按照这里的文档顺序自动寻找，有此文档会自动执行。

② 单击右边窗格中"添加"，如图 6-6 所示，打开"添加默认文档"对话框。在"名称"文本框中输入文档名（必须包含扩展名）。如果在网站的主目录中有此文档，客户机在浏览器地址处输入"http://web 服务器的 IP 地址"，就会自动执行此文档，单击"确定"按钮。

（3）添加 Web 站点下的虚拟目录。

① 打开 IIS 管理器控制台，展开左边窗格的 IIS 服务器下的"网站"下的 Web 站点，右击要配置虚拟

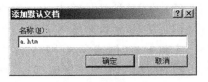

图 6-6 "添加默认文档"对话框

目录的网站,在弹出的快捷菜单中单击"添加虚拟目录"选项。

　　② 如图6-7所示,打开"添加虚拟目录"对话框。在"物理路径"文本框中输入虚拟目录对应的本地目录(或单击…按钮,选择虚拟目录对应的本地目录)。在"别名"文本框中输入虚拟目录名。客户机可用"http://web服务器的IP地址/虚拟目录名"访问。

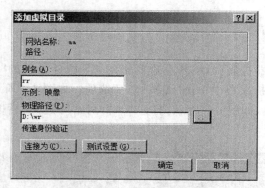

图6-7　"添加虚拟目录"对话框

6.3.4　编写默认文档文件

　　可以使用文本编辑器编写默认文档文件,文件的扩展名必须是html、htm、asp或aspx。

　　以a.html文件为例(可用记事本编写):

```
<HTML>
    <BODY>
        This is a test file.
    </BODY>
</HTML>
```

　　也可用FrontPage或Dreamweaver等工具编写文档文件。

6.3.5　实践　配置WWW服务

　　实验6-1　创建Web网站和虚拟目录,要求:

　　(1) 使用文本编辑器编写a.html文件,用IE浏览能显示aaaa。

　　(2) 使用文本编辑器编写b.html文件,用IE浏览能显示bbbb。

　　(3) 在IE地址处输入http://本机的IP地址,能显示aaaa。

　　(4) 在IE地址处输入http://本机的IP地址/b,能显示bbbb。

　　实验6-2　创建Web网站。

　　(1) 使用文本编辑器编写a.html文件,用IE浏览能显示aaaa。

　　(2) 在IE地址处输入http://本机的IP地址:7000,能显示aaaa。

实验 6-3 配置 WWW 服务。

（1）实验环境：如图 6-8 所示，本实验需要一台交换机、三台计算机、三根直通网线。

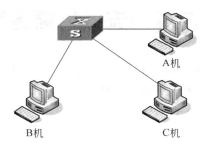

图 6-8 WWW 服务实验环境

（2）实验要求：

编写两个网页文件，分别放在不同的文件夹下，用来作为 www.microsoft.com 网站的物理路径及其虚拟目录。

A 机为 DNS 服务器，其 IP 地址为 192.168.5.2，要求解析：www.microsoft.com 的 IP 地址为 192.168.5.3。

B 机为 WWW 服务器，其 IP 地址为 192.168.5.3，要求：能访问 http://www.microsoft.com 与 http://www.microsoft.com/b 的网页。

C 机为客户机，其 IP 地址为 192.168.5.5，要求：能访问 http://www.microsoft.com 与 http://www.microsoft.com/b 的网页。

第 7 章 流媒体服务器

制作好的视频作品要放在网络上供用户点播,就必须使用流媒体服务器。通过安装和配置流媒体服务器,可以实现点播和广播功能。

7.1 流媒体基础

流媒体指在网络上进行流式传输的连续时基媒体。流媒体服务又称媒体服务,根据媒体分为音频服务和视频服务。

7.1.1 播放多媒体信息的方式

(1) 非实时方式:将多媒体文件下载到本地磁盘之后,再播放该文件。

(2) 实时方式:直接从网上将多媒体信息逐步下载到本地缓存中,在下载的同时播放已经下载的部分,这就是所谓的流媒体技术。

7.1.2 流式传输

流式传输是流媒体实现的关键技术,可分为:

(1) 顺序流式传输。与 HTTP 服务一样,顺序流式传输是顺序下载,是一种介于下载文件和实时流式传输之间的形式,又称渐进式下载。可将流媒体文件通过 Web 服务器发布,即可实现顺序流发送。用于短小的质量高的流媒体文件,如广告、片段、歌曲。

(2) 实时流式传输。需要特殊的传输协议支持,服务器端需要使用专门的流媒体服务器。一般结合 Web 服务器提供流媒体服务,使用 HTTP/TCP 协议传输控制媒体播放的信息,利用实时传输协议传输要播放的多媒体信息。用于大型多媒体文件的播放、现场直播、视频点播、视频广播。

7.1.3 流媒体播放方式

1. 点播

(1) 用户主动与服务器进行连接,发出选择节目内容的请求,服务器应用户请求将节目内容传输给用户。

(2) 提供了对流的最大控制,由于每个客户端各自连接服务器,因此会消耗大量的网络带宽。

（3）在客户端与媒体服务器之间需要建立一个单独的数据通道，即从一台服务器发送的每个数据包只能传送给一个客户机。

2. 多播（组播）

多播是一对多连接，多个客户端可以从服务器接收相同的流数据，即发出请求的客户端共享同一流数据，从而节省带宽资源。

3. 广播（直播）

（1）媒体服务器主动发送流数据，用户被动接收流数据的方式。
（2）客户端只能接收流，不能控制流。
（3）将数据包的拷贝发送给网络上的所有用户。

7.1.4 流媒体类型

根据信息来源，媒体信息可分为：
（1）实况流媒体。通过视频或音频录制设备获取的实时多媒体信息，可用于现场直播。
（2）流媒体文件。经过特殊编码，使其适合在网络上边下载边播放的特殊多媒体文件，常见的文件格式有 ASF、WMV、WMA、RM、RA、SWF 等。

7.2 流媒体应用系统

要建立流媒体服务，必须先建立相应的流媒体应用系统。

7.2.1 流媒体应用系统概述

如图 7-1 所示，流媒体应用系统包括流媒体制作平台、流媒体发布平台和流媒体播放终端等三个组成部分。

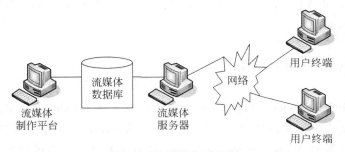

图 7-1 流媒体应用系统

（1）流媒体制作平台（编码器）用来制作流媒体节目。

① 通过实时信号采集方式（录音、摄像）产生实况流媒体。

② 对现有的音频文件、视频文件、图像文件以及其他多媒体文件进行特殊编码，将其转换成流媒体格式的文件。

（2）流媒体发布平台用来存储管理流媒体节目，负责为用户提供流媒体信息服务。一般由流媒体服务器充当流媒体发布平台，向用户提供点播和广播服务。

（3）流媒体播放终端用来播放流媒体节目，接收流媒体服务器发送的广播节目，或向流媒体服务器点播节目。

7.2.2 流媒体服务器传输流程

（1）Web 浏览器与流媒体服务器之间使用 HTTP/TCP 交换控制信息，将需要传输的实时数据从原始信息中检索出来。

（2）用 HTTP 从流媒体服务器检索相关数据，播放器进行初始化。

（3）从流媒体服务器检索出来的相关地址定位播放器。

（4）播放器与服务器之间交换传输所需要的实时控制协议。

（5）一旦数据抵达客户端，播放器就可以播放了。

7.2.3 流媒体领域的竞争者

（1）RealNetworks：业界领先的厂商，占据流媒体市场的半壁江山，最新平台为 Helix Platform。

（2）微软：Windows Media 包括从流媒体制作、发布到播放的一整套产品，但只能在 Windows 平台上使用。

（3）Apple：QuickTime 成为数字媒体事实上的工业标准，其流媒体服务器基于开放源代码，支持标准的实时传输协议/实时流协议（RTP/RTSP），最新平台为 Darwin Streaming Server。

（4）IBM 公司 VideoCharger、Oracle 公司 OVS、Cisco 公司 IP/TV、SGI 公司 Kasenna MediaBase。

7.3 Windows Media Services

Windows Media Services 通过 Internet 或 Intranet 对 Windows 媒体内容进行管理、交付和存档，将流式音频和视频内容通过 Internet 或 intranet 传输到客户端。客户端可以是使用播放机（例如，Windows Media Player）播放内容的计算机或设备，也可以是运行 Windows Media Services 的计算机（称为 Windows Media 服务器），它们代理、缓存或重新分发内容。

7.3.1 Windows Media 组件

Windows Media 通过 Windows Media 工具、Windows Media 服务器和 Windows Media Player 等组件来提供完整的流媒体服务解决方案。Windows Media 服务器组件由 Windows Media Services 服务和 Windows Media 管理器组成。Windows Media 工具提供一系列工具制作媒体内容。Windows Media Player 用于接收并播放流内容。

7.3.2 Windows Media 的控制协议

Windows Media 的控制协议如表 7-1 所示。

表 7-1 Windows Media 的控制协议

协议类型	说　　明	访问服务器所使用的 URL 格式
MMS	微软专用流式媒体协议,用于访问 Windows Media 发布点上单播内容。默认使用 TCP 端口 1755 和 UDP 端口 1755	mms://服务器名/发布点名/文件名
RTSP	通用的实时流式传输协议,用于单播流。作为一个控制协议,与数据传递实时协议(RTP)依此发挥作用,实现向客户端提供内容。默认使用 TCP 端口 554	rtsp://服务器名/发布点名/文件名
HTTP	使用 HTTP 协议将内容转化为流,有助于克服防火墙障碍。应确保端口 80 无冲突	

7.4 安装 Windows Media Services

7.4.1 安装前的准备

(1) 安装 Windows Media Services 的计算机要配置固定的 IP 地址。

(2) 配置 IIS。

(3) 为了安全性,最好使用 NTFS 文件系统。

7.4.2 安装步骤

Windows Media Services 作为一个系统组件,并不集成于 Windows Server 系统中。在 Windows 2008 中作为一个免费单独插件,需要用户通过微软官方网站免费下载(32 位 Windows 2008 下载 Windows6.0-KB934518-x86-Server.msu 文件,64 位 Windows 2008 下载 Windows6.0-KB934518-x64-Server.msu 文件)后进行安装。

(1) 选择"开始"→"管理工具"→"服务器管理器"选项。

（2）打开"服务器管理器"窗口，单击左边窗格中的"角色"。

（3）单击右边窗格中的"添加角色"。

（4）如图 7-2 所示，打开"添加角色向导"对话框，选择"流媒体服务"复选框，单击"下一步"按钮。

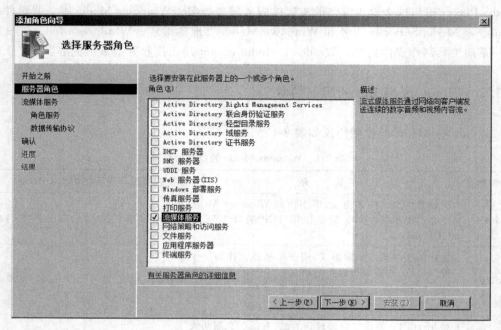

图 7-2　"添加角色向导"对话框

（5）打开"流媒体服务"对话框，单击"下一步"按钮。

（6）如图 7-3 所示，打开"选择角色服务"对话框，选择"Windows 媒体服务器"复选框。如选择"基于 Web 的管理"复选框，可使用 Web 浏览器对远程管理 Windows Media 服务器提供支持。单击"下一步"按钮。

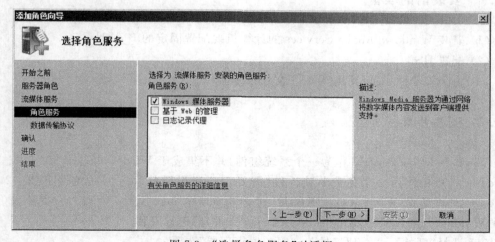

图 7-3　"选择角色服务"对话框

（7）如图 7-4 所示，打开"选择数据传输协议"对话框，选择"实时流协议（RTSP）"与"超文本传输协议（HTTP）"复选框。

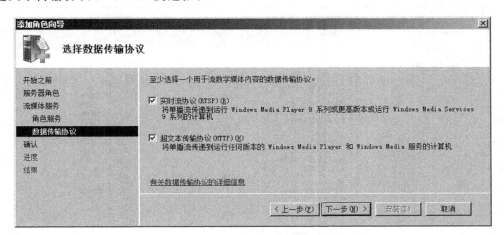

图 7-4 "选择数据传输协议"对话框

（8）打开"确认"对话框，单击"安装"按钮。

（9）打开"安装结果"对话框，单击"关闭"按钮。完成 Windows 媒体服务器的安装。

7.5 配置 Windows Media 服务

Windows Media 管理器是基于层次结构的，除对服务器进行整体管理外，还可对每个发布点进行管理。发布点是向用户分发内容的途径，用于管理和分发内容，Windows Media 服务是以发布点为单元提供的。

Windows Media 服务器的设置主要包括属性、插件、发布点和服务器端播放列表。

大多数方案都要求重新配置现有的发布点或创建新的发布点。需要作出一个决策，也可能是两个，最终取决于使用三个主要发布点配置中的哪个。

7.5.1 配置控制协议

（1）选择"开始"→"管理工具"→"Windows Media 服务"选项。

（2）如图 7-5 所示，打开"Windows Media 服务"窗口，在左边窗格中单击计算机。在右侧选中"属性"选项卡。

（3）如图 7-6 所示，在"类别"列表框中选择"控制协议"选项，在"插件"列表框中可以看到两个控制协议的插件。

（4）可以右击"插件"列表框中的控制协议，选择"启用"或"禁用"快捷菜单。

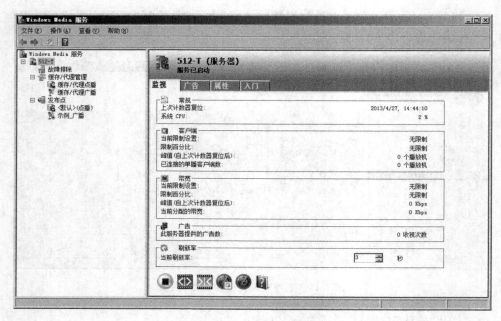

图 7-5　"Windows Media 服务"窗口

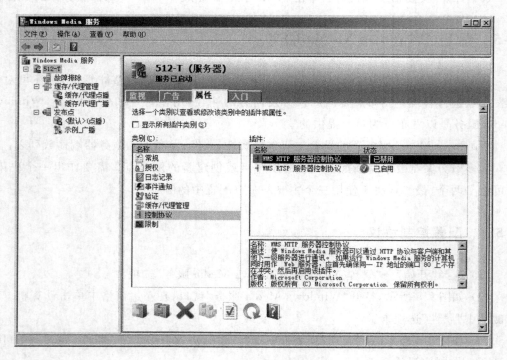

图 7-6　"控制协议"选项

7.5.2 添加发布点

(1) 选择"开始"→"管理工具"→"Windows Media 服务"选项。

(2) 打开"Windows Media 服务"窗口,展开左边窗格中计算机。

(3) 右击"发布点",选择"添加发布点(高级)"快捷菜单。

(4) 如图 7-7 所示,打开"添加发布点"对话框。

图 7-7 "添加发布点"对话框

① 选择发布点类型:

• 通过单播广播,服务器将对每个客户端创建一个单独的连接,由此可能导致单播传递消耗大量的网络带宽。

• 通过多播广播,服务器不会创建与任何客户端的连接。相反,服务器会将内容传递到网络上的 D 类 Internet 协议(IP)地址,网络上的任何客户端均可接收到此内容。这样会节省网络带宽。

② 在"发布点名称"文本框中输入发布点名称。该名称将成为客户端用来访问内容的 URL 的一部分,它不区分大小写。

③ 在"内容的位置"文本框中输入发布点内容的绝对路径,可以是文件也可以是文件夹(如果单击"浏览"按钮,可以选择发布点内容的绝对路径)。

④ 单击"确定"按钮。

7.5.3 发布点的启动或停止

(1) 选择"开始"→"管理工具"→"Windows Media 服务"选项。

(2) 打开"Windows Media 服务"窗口,展开左边窗格中计算机下的"发布点"。

（3）右击要启动或停止发布点,选择"启动"或"停止"快捷菜单。

7.5.4　公告单播内容

（1）选择"开始"→"管理工具"→"Windows Media 服务"选项。

（2）打开"Windows Media 服务"窗口,展开左边窗格中计算机下的"发布点",单击要公告单播内容的发布点。

（3）如图 7-8 所示,在右侧选中"公告"选项卡。

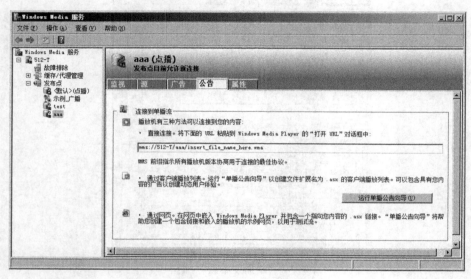

图 7-8　"公告"选项卡

（4）单击"运行单播公告向导"按钮,打开"欢迎使用'单播公告向导'"对话框,单击"下一步"按钮。

（5）如图 7-9 所示,打开"点播目录"对话框(可用"浏览"按钮,选择目录中的一个文件)。单击"下一步"按钮。

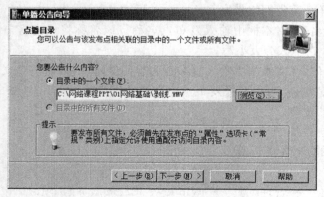

图 7-9　"点播目录"对话框

（6）如图 7-10 所示，打开"访问该内容"对话框（可用"修改"按钮，输入该视频服务器的 IP 地址或域名），单击"下一步"按钮。

图 7-10 "访问该内容"对话框

（7）如图 7-11 所示，打开"保存公告选项"对话框，指定保存公告文件名和位置。如选中"创建一个带有嵌入的播放机和指向该内容的链接的网页"复选框，可创建一个带有嵌入式 Windows Media Player ActiveX 控件的网页。此网页链接到发布点，允许用户单击一个链接在播放机中打开内容，使用发布点 URL 连接到内容。单击"下一步"按钮。

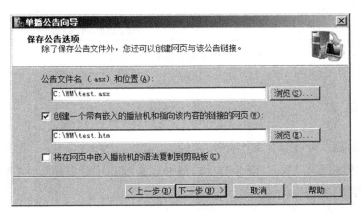

图 7-11 "保存公告选项"对话框

（8）如图 7-12 所示，打开"编辑公告元数据"对话框，在公告文件（.asx 文件）中添加元数据。单击"下一步"按钮。

（9）打开"正在完成'单播公告向导'"对话框，选中"完成此向导后测试文件"复选框，单击"完成"按钮。

（10）如图 7-13 所示，打开"测试单播公告"对话框。单击"测试"按钮，可以测试公告和网页是否正确。单击"退出"按钮。

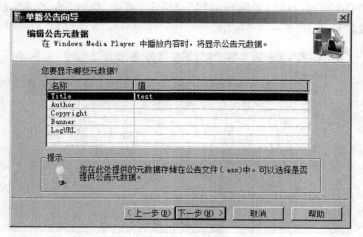

图 7-12 "编辑公告元数据"对话框

图 7-13 "测试单播公告"对话框

7.5.5 内容源

（1）选择"开始"→"管理工具"→"Windows Mediae 服务"选项。

（2）打开"Windows Media 服务"窗口，展开左边窗格中计算机下的"发布点"，单击要查看或更改内容源的发布点。

（3）如图 7-14 所示，在右侧选中"源"选项卡。

① 发布点是客户端通过其建立连接以接收流的入口。

② 源是指客户端可从发布点接收的内容所在的位置，可以向发布点指派任意一种类型的源。

③ 如单击"更改"按钮，可重新配置发布点的源位置。

④ 播放目录的方式，可以选择：

循环播放目录；

无序播放目录。

图 7-14 "源"选项卡

7.6 客户机访问流内容

Windows Server 2008 是自带 Windows Media Player 11 的,但是默认是不安装 Windows Media Player 的。安装 Windows Media Player 的具体操作为:

(1) 选择"开始"→"管理工具"→"服务器管理器"选项。打开"服务器管理器"窗口,单击左边窗格中的"功能"。

(2) 如图 7-15 所示,选择"桌面体验"复选框,单击"下一步"按钮。

(3) 打开"确认"对话框,单击"安装"按钮。

(4) 打开"安装结果"对话框,单击"关闭"按钮。完成 Windows Media Player 的安装。

(5) 重启系统。

7.6.1 使用 Windows Media Player 访问流内容

(1) 打开 Windows Media Player 应用程序。

(2) 右击菜单的空白处,在弹出的快捷菜单中选择"文件"菜单的"打开 URL"子菜单。

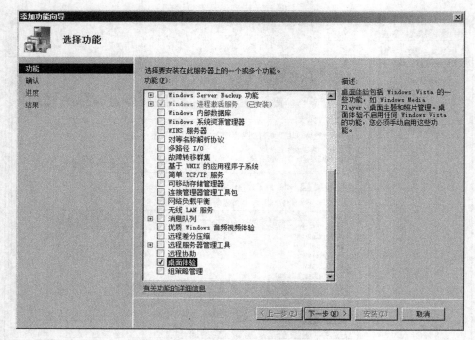

图 7-15 "选择功能"对话框

(3) 如图 7-16 所示,打开"打开 URL"对话框。

图 7-16 "打开 URL"对话框

(4) 在"打开"文本框中,输入相应的"mms://流媒体服务器名/发布点名/流文件名"或输入"mms://流媒体服务器 IP 地址/发布点名/流文件名"。

(5) 单击"确定"按钮。

7.6.2 利用浏览器通过 URL 播放流内容

(1) 打开浏览器(如 IE)应用程序。

(2) 在 URL 地址处,输入相应的"mms://流媒体服务器名/发布点名/流文件名"或输入"mms://流媒体服务器 IP 地址/发布点名/流文件名"。

提示:要使 IE 能播放流内容,必须启用运行 ActiveX 控件和插件。操作如下:运行

Internet Explorer,选择"工具"菜单中的"Internet 选项",打开"Internet 选项"对话框,单击"安全"选项卡,如图 7-17 所示。可以将安全级别的滑块拉低,或单击"自定义级别"按钮,如图 7-18 所示,打开"安全设置"对话框,在"运行 ActiveX 控件和插件"下选择"启用"单选按钮。单击"确定"按钮。

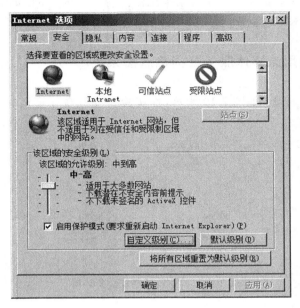

图 7-17 "安全"选项卡

图 7-18 "安全设置"对话框

7.6.3　利用浏览器通过 HTTP 协议播放流内容

在 Internet 信息服务(IIS)管理器中设置 Web 站点,端口号不能使用 80(因为有冲突,可使用其他端口号,如 8080),主目录采用流内容基于的 URL 地址。打开浏览器(如 IE)应用程序。在 URL 地址处,输入"http://服务器名:8080/test.htm"。

7.6.4　实践　使用流媒体服务器构建点播系统

实验 7-1　实验环境:如图 7-19 所示,本实验需要三台计算机、一个交换机、三根直通网线。

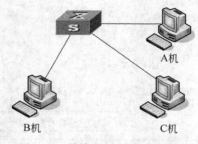

图 7-19　构建点播系统实验环境

实验要求:

(1) A 机为 Windows Media Services 服务器与 WWW 服务器,添加发布点 testMedia(事先准备好一个流媒体文件)。

(2) B 机为 Windows Media Services 客户机,用 MMS 协议播放流内容。

(3) C 机为 Windows Media Services 客户机,用 HTTP 协议播放流内容。

第8章 磁 盘 管 理

考虑到磁盘管理操作错误可能会损坏计算机内的资料,因此,尽量用虚拟机操作。要考虑容错及磁盘的扩展,必须掌握磁盘管理。

8.1 VM 虚拟机

8.1.1 安装虚拟机

(1) 双击虚拟机的安装文件,开始安装虚拟机。

(2) 默认单击"下一步"按钮,(期间要输入正确的序列号)直至完成。

(3) 桌面上会出现 VMware Workstation 的图标"📺 "。

(4) 双击桌面上的 VMware Workstation 图标。

(5) 单击 New Virtual Machine,创建虚拟机。

(6) 如图 8-1 所示,打开选择虚拟机配置对话框,单击 Typical 单选按钮,单击"下一步"按钮。

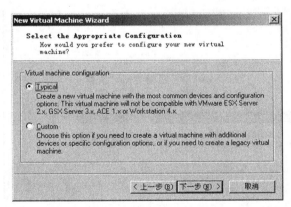

图 8-1 选择虚拟机配置对话框

(7) 如图 8-2 所示,打开虚拟机名称对话框。在 Virtual machine name 文本框中输入虚拟机的名称,在 Location 文本框中输入安装虚拟机对应的文件夹的位置,或通过单击 Browse 按钮查找安装虚拟机对应的文件夹的位置,然后单击"下一步"按钮。

(8) 如图 8-3 所示,打开网络类型对话框,可选择虚拟机网络连接的类型(以后也可修改),单击"下一步"按钮。

(9) 如图 8-4 所示,打开磁盘容量对话框,在 Disk size 文本框中,输入虚拟机的磁盘大小,要考虑以后要安装操作系统及应用软件,单位为 GB,然后单击"完成"按钮。

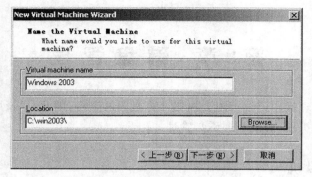

图 8-2　虚拟机名称对话框

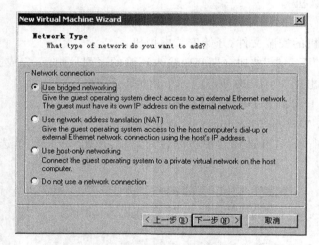

图 8-3　网络类型对话框

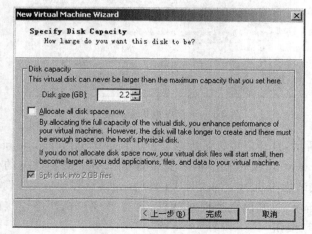

图 8-4　磁盘容量对话框

（10）如图 8-5 所示，打开虚拟机对话框。接下来，要安装虚拟机的操作系统。考虑从光盘安装，双击 Devices 下的 CD-ROM。

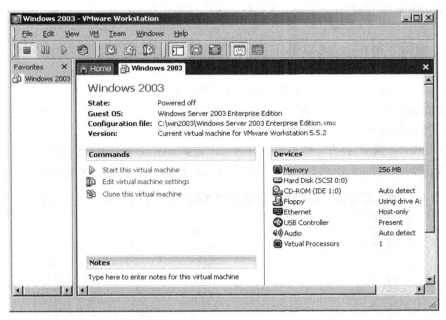

图 8-5　虚拟机对话框

（11）如图 8-6 所示，打开 CD-ROM device 驱动器对话框。如果单击 Use physical dirve 单选按钮，在下拉列表中选择虚拟机使用的 CD-ROM；如果单击 Use ISO image 单选按钮，在下面的文本框中输入虚拟机可使用的 ISO 文件（安装操作系统的 ISO 映像文件）。然后单击 OK 按钮。

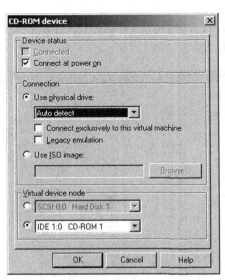

图 8-6　CD-ROM device 对话框

(12) 在虚拟机对话框（如图 8-5 所示）。单击 Commands 下的 Start this virtual machine，开始安装虚拟机操作系统，如 Windows Server 2008。

注意：安装前，必须将 CMOS 设置改为 CD-ROM 启动。

8.1.2 编辑 VMware 虚拟机的设置

(1) 双击桌面上的 VMware Workstation 图标 █。

(2) 在虚拟机对话框（如图 8-5 所示）。单击 Commands 下的 Edit virtual machine settings，开始编辑虚拟机的设置。

(3) 如图 8-7 所示，打开虚拟机设置对话框。如果选择 Device 下的硬件设备，单击 Remove 按钮，可以删除相应的虚拟硬件设备。如果单击 Add 按钮，可以添加虚拟硬件设备。

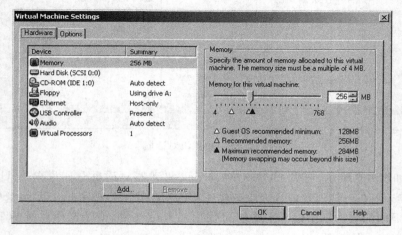

图 8-7　虚拟机设置对话框

(4) 如单击 Add 按钮，打开硬件类型对话框，如图 8-8 所示。选择相应的虚拟硬件设备，如 Hard Disk（硬盘），单击"下一步"按钮。

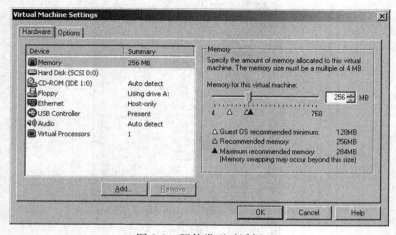

图 8-8　硬件类型对话框

（5）如图 8-9 所示，打开选择一个硬盘对话框。单击 Create a new virtual disk 单选按钮，建立一个新的虚拟机磁盘。然后单击"下一步"按钮。

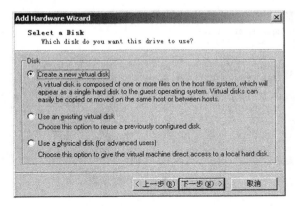

图 8-9　选择一个硬盘对话框

（6）如图 8-10 所示，打开虚拟盘类型对话框。单击 SCSI 单选按钮，选择虚拟机磁盘的类型为 SCSI，然后单击"下一步"按钮。

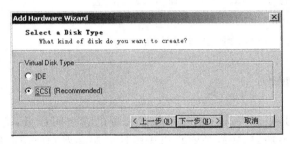

图 8-10　虚拟盘类型对话框

（7）如图 8-11 所示，打开磁盘容量对话框。在 Disk size 组合框中，输入虚拟机新建硬盘的大小，然后单击"下一步"按钮。

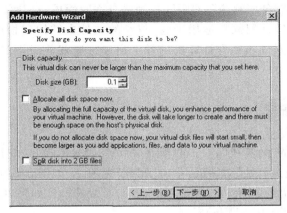

图 8-11　磁盘容量对话框

（8）如图 8-12 所示，打开磁盘文件对话框。在文本框中，输入建立虚拟机磁盘使用的文件名。然后单击"完成"按钮。

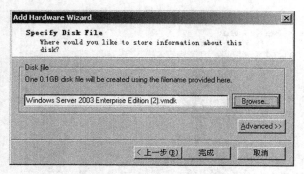

图 8-12　磁盘文件对话框

8.1.3　运行虚拟机 Windows 操作系统

（1）双击桌面上的 VMware Workstation 图标　。

（2）单击 Commands 下的 Start this virtual machine。

（3）按 Ctrl＋Alt＋Insert 键，登录虚拟机 Windows。

8.2　配置磁盘配额

设置磁盘配额就是限制一次性访问服务器资源的卷空间数量，防止某个客户机过量地占用服务器和网络资源，导致其他客户机无法访问服务器和使用网络。

8.2.1　磁盘配额

在 Windows 中，磁盘配额按照卷跟踪控制磁盘空间使用。配额限制指定了用户可使用的磁盘空间数量。磁盘配额只适用于卷，与卷的文件夹结构和物理磁盘的分布无关。磁盘配额可在本地计算机和远程计算机的卷上启动。警戒等级指定了用户接近配额限制点。

8.2.2　管理磁盘配额

（1）双击桌面上的"计算机"，右击驱动器（NTFS 分区），单击"属性"快捷菜单。

（2）打开"本地磁盘属性"对话框，单击"配额"选项卡，如图 8-13 所示。选中"启用配额管理"和"拒绝将磁盘空间给超过配额限制的用户"复选框。如果单击"配额项"按钮，可以添加、修改、删除用户的磁盘配额限制。

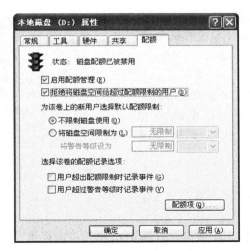

图 8-13　"本地磁盘属性"对话框

（3）如果单击"配额项"按钮，打开磁盘的配额项对话框，如图 8-14 所示。单击需修改的配额项，选择"配额"菜单的"属性"，可修改用户的配额项；单击需删除的配额项，选择"配额"菜单的"删除配额项"，可删除用户的配额项；选择"配额"菜单的"新建配额项"，可新建用户的配额项。

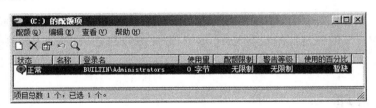

图 8-14　磁盘的配额项对话框

（4）如选择"新建配额项"，打开"选择用户"对话框，如图 8-15 所示。在下面的文本框中会输入需限制磁盘配额的用户，或通过单击"高级"按钮，查找需限制磁盘配额的用户，单击"确定"按钮。

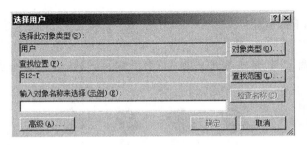

图 8-15　"选择用户"对话框

（5）如图 8-16 所示，打开"添加新配额项"对话框。单击"将磁盘空间限制为"单选按钮，在后面的文本框中输入为该用户设置的磁盘空间，后面的下拉列表中选择单位（如

KB、MB、TB 等）。在"将警告等级设为"后面的
文本框中输入为该用户设置警告的磁盘空间,后
面的下拉列表中选择单位(如 KB、MB、TB 等)。
单击"确定"按钮。

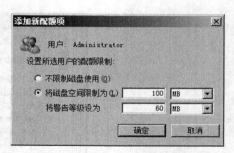

（6）在磁盘的配额项目对话框(如图 8-14 所
示)中可看到新建的配额项。关闭此对话框。

（7）返回"本地磁盘属性"对话框(如图 8-13
所示)。单击"确定"按钮。

图 8-16 "添加新配额项"对话框

8.2.3 验证磁盘配额

（1）重新启动计算机,用配置磁盘配额的用户登录计算机。

（2）双击桌面上的"计算机",右击配置磁盘配额的驱动器(NTFS 分区),单击"属性"
快捷菜单,可以看到驱动器的容量大小等于为该用户设置的磁盘空间限制的大小(设置如
图 8-16 所示)。

8.2.4 实践 配置磁盘配额

实验 8-1 建立用户 U1、U2,将用户 U1 的磁盘配额设置为 1MB,警戒等级指定为
800KB,将用户 U2 的磁盘配额设置为 100MB,警戒等级指定为 700MB。并分别用 U1 和
U2 身份验证。

8.3 磁盘管理

"磁盘管理"管理单元是用于管理各自所包含的硬磁盘和卷,或者分区的系统实用程
序。利用"磁盘管理"可以初始化磁盘、创建卷、使用 FAT、FAT32 或 NTFS 文件系统格
式化卷以及创建具有容错能力的磁盘系统。

8.3.1 Windows 的磁盘

Windows 的磁盘,一般是指物理磁盘(商店里购买的磁盘)。编号从 0 开始,如图 8-17
所示。

Disk0　　Disk1　　Disk2　　Disk3

图 8-17 磁盘

操作系统使用的磁盘可以分为基本磁盘和动态磁盘。

1. 基本磁盘

（1）Windows 默认存储是基本磁盘，初始时一个磁盘被用作基本存储。

（2）基本磁盘是包含主分区、扩展分区或逻辑驱动器的物理磁盘。使用基本磁盘时，每个磁盘最多只能创建四个主分区，或三个主分区另加带有任意个逻辑驱动器的一个扩展分区。

（3）基本磁盘上的分区和逻辑驱动器称为基本卷。只能在基本磁盘上创建基本卷。

（4）使用独立的空间组织数据。

2. 动态磁盘

1）简单卷
- 由单个物理磁盘上的磁盘空间组成。
- 可由磁盘上的单个区域或者链接在一起的相同磁盘上的多个区域组成。
- 可在同一磁盘中扩展简单卷或把简单卷扩展到其他磁盘。

2）跨区卷
- 跨区卷由多个物理磁盘上的磁盘空间组成（至少两个磁盘，最多 32 个磁盘）。
- 可以随时通过扩展跨区卷来增加空间。
- 如果跨多个磁盘扩展简单卷，则该卷就是跨区卷。
- 无法被镜像。
- 不能作为系统分区或引导分区。
- 如表 8-1 所示，跨区卷将来自多个磁盘的未分配的空间合并到一个逻辑卷中。
- 跨区卷是这样组织的，将分配到一个磁盘上的卷的空间充满，然后又从下一个磁盘开始，分配到这个磁盘上的卷再次被充满。

表 8-1 动态磁盘信息存放方式

跨区卷		带区卷		镜像卷		RAID-5 卷		
Disk0	Disk1	Disk0	Disk1	Disk0	Disk1	Disk0	Disk1	Disk2
xxx	xxx	1	2	1	1	1	2	1 与 2 的校验信息
xxx	4	3	4	2	2	3 与 4 的校验信息	3	4
1	5	5	6	3	3	5	5 与 6 的校验信息	6
2	…	7	8	4	4	7	8	7 与 8 的校验信息
3		…	…	…	…	…	…	…

3）带区卷

- 带区卷在两个或更多物理磁盘的带区上存储数据（至少两个磁盘,最多 32 个磁盘）。

- 如表 8-1 所示,带区卷是通过将两个或更多磁盘上的可用空间区域合并到一个逻辑卷而创建的。交替而均匀地（以带区方式）将带区卷中的数据分配到带区卷的磁盘中。

- 利用带区卷,可以将数据分块并按一定的顺序在阵列中的所有磁盘上分布数据,带区卷充分改善访问硬盘的速度。

- 当创建带区卷时,最好使用相同大小、型号和制造商的磁盘。

- 无法容错,不可扩展或镜像。

- 不能作为系统分区或引导分区。

4）镜像卷

- 镜像卷是在两个物理磁盘上复制数据的容错卷。

- 通过使用卷的副本（镜像）复制包含卷中的信息来提供数据冗余（浪费磁盘空间）。

- 镜像位于不同的磁盘上。

- 如表 8-1 所示,镜像卷通过使用卷的两个副本或镜像复制存储在卷上的数据从而提供数据冗余性。写入镜像卷上的所有数据都写入位于独立的物理磁盘上的两个镜像中。

- 由于双写入操作可能降低系统性能,所以许多镜像卷配置都是用双工模式。在这种模式中,镜像卷中的每个磁盘都有自己独立的磁盘控制器。

- 镜像卷的读取操作比 RAID-5 卷慢,但写入操作比 RAID-5 快。

5）RAID-5 卷（Redundant Arrays of Inexpensive Disks）

- 如表 8-1 所示,RAID-5 卷是包含数据和奇偶校验、间歇跨三个或更多物理磁盘的划分带区的容错卷（至少 3 个磁盘,最多 32 个磁盘）。

- 如果物理磁盘的一部分发生故障,可以从剩余数据和奇偶校验重新创建发生故障部分的数据。

- RAID-5 卷的每个带区中包含一个奇偶校验块。因此,必须使用至少三个,而不是两个磁盘来存储奇偶校验信息。奇偶校验带区在所有卷之间分布从而可以平衡 I/O 负载。

- 写慢,读快（无坏盘时）。

- 浪费磁盘空间,使用效率为 $(n-1)/n$。

3. 动态磁盘的好处

（1）卷可以扩展到包含非邻接的空间,这些空间可以在任何可用的磁盘上。

（2）对每个磁盘上可以创建卷的数目没有限制。

8.3.2 管理磁盘

1. 初始化磁盘

（1）首先在虚拟机上添加一个虚拟硬盘。

（2）右击桌面上的"计算机"，单击"管理"快捷菜单。展开"存储"，单击"磁盘管理"，如图 8-18 所示。

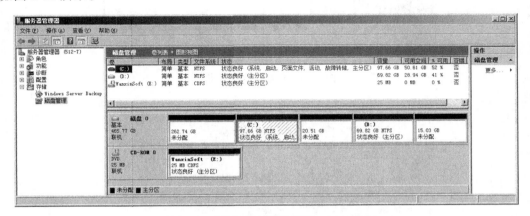

图 8-18 磁盘管理

（3）对于第一次使用新的硬盘（未初始化），右击磁盘，选择"联机"快捷菜单，如图 8-19 所示。

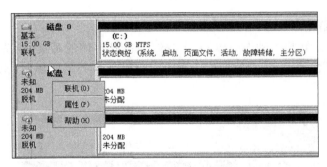

图 8-19 联机

（4）右击"磁盘 1"，单击"初始化磁盘"快捷菜单，进行磁盘初始化，打开"初始化磁盘"快捷菜单（如图 8-20 所示），选择要初始化的磁盘分区形式（如图 8-21 所示），单击"确定"按钮。

2. 基本磁盘转换为动态磁盘

（1）右击桌面上的"计算机"，单击"管理"快捷菜单。展开"存储"，单击"磁盘管理"，如图 8-18 所示。

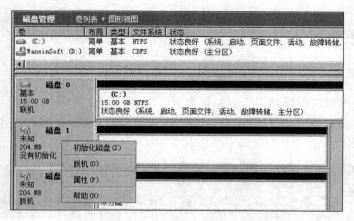

图 8-20　磁盘 1 未初始化

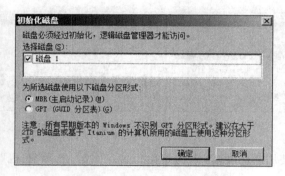

图 8-21　"初始化磁盘"对话框

（2）首先"初始化磁盘"。

（3）如果磁盘未转换为动态磁盘,右击"磁盘管理"右侧的磁盘,如图 8-22 所示,单击
"转换到动态磁盘"快捷菜单。如图 8-23 所示,打开"转换为动态磁盘"对话框,然后单击
"确定"按钮。

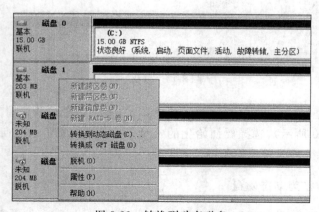

图 8-22　转换到动态磁盘

注意：基本磁盘可随时转换为动态磁盘；而动态磁盘必须删除全部分区后才能转换为基本磁盘。

3. 更改驱动器号

（1）右击"磁盘管理"右侧需要更改驱动器号和路径的分区，单击"更改驱动器号和路径"快捷菜单，如图8-24所示。

（2）如图8-25所示，打开更改驱动器号和路径对话框，单击"更改"按钮，可选择驱动器号；单击"删除"按钮，可删除驱动器号；单击"添加"按钮，可添加驱动器号。

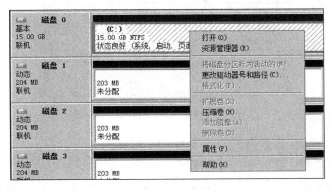

图8-23 转换为动态磁盘对话框

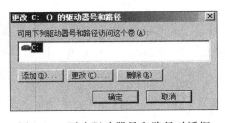

图8-24 选择"更改驱动器号和路径"

4. 格式化磁盘

（1）右击"磁盘管理"右侧需要格式化的磁盘分区，单击"格式化"快捷菜单。

（2）如图8-26所示，打开"格式化"对话框，在"文件系统"下拉列表框中选择磁盘的文件系统（如FAT32或NTFS）。如果想快速格式化，请选中"执行快速格式化"复选框，然后单击"确定"按钮。

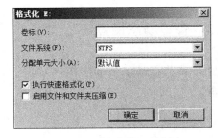

图8-25 更改驱动器号和路径对话框　　　图8-26 "格式化"对话框

（3）出现"格式化"警告框，单击"确定"按钮，格式化磁盘（注意：该磁盘中原有的数据丢失），单击"确定"按钮。

5. 将分区装入空白 NTFS 文件夹中

（1）解决空间不足问题，解决盘符的数量限制。

（2）右击"磁盘管理"右侧需要改变的分区，单击"更改驱动器号和路径"快捷菜单。

（3）如图 8-25 所示，打开"更改驱动器号和路径"对话框，单击"删除"按钮，可删除驱动器号。

（4）单击"添加"按钮如图 8-27 所示，打开"添加驱动器号或路径"对话框。单击"装入以下空白 NTFS 文件夹中"单选按钮，在文本框中输入空白的 NTFS 文件夹名，或通过"浏览"按钮查找空白的 NTFS 文件夹。然后单击"确定"按钮。

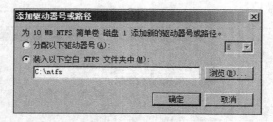

图 8-27 "添加驱动器号或路径"对话框

实验 8-2 将分区装入空白 NTFS 文件夹中实验。

（1）首先在虚拟机上添加一个虚拟硬盘。

（2）在此虚拟硬盘建立 NTFS 分区格式的两个逻辑驱动器（M 驱动器和 N 驱动器）。

（3）在 M 驱动器建立文件夹 M，并建立文件 M.txt（文件内容为 M）。

（4）在 N 驱动器建立文件夹 N，并建立文件 N.txt（文件内容为 N）。

（5）将原来的 N 驱动器分区装入 M 驱动器的名为 test 文件夹中。

（6）双击桌面上的"计算机"中的 M 驱动器，能看到一个 test 盘。双击 test 盘，可看到原来 N 驱动器中的内容。

（7）在 test 盘中建立 test.txt 文件（文件内容为 test）。

（8）再将 test 盘更改为 N 驱动器，检查 N 驱动器内有什么内容。

8.3.3 管理动态磁盘

要完成动态磁盘全部操作，必须有三个物理磁盘。因此，首先在虚拟机上添加三个虚拟硬盘。

1. 新建简单卷

（1）右击桌面上的"计算机"，单击"管理"快捷菜单。展开"存储"，单击"磁盘管理"，如图 8-28 所示。

（2）右击"磁盘管理"右侧动态磁盘未指派的分区，单击"新建简单卷"快捷菜单。

（3）出现"欢迎使用新建卷向导"对话框，单击"下一步"按钮。

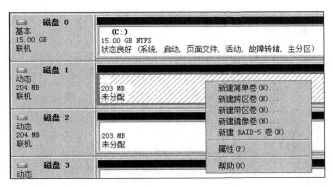

图 8-28 新建卷

（4）如图 8-29 所示，打开"指定卷大小"对话框，在"简单卷大小"文本框中，输入已选的磁盘大小（新建简单卷的容量），单击"下一步"按钮。

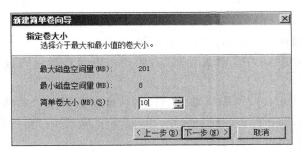

图 8-29 简单卷的"指定卷大小"对话框

（5）如图 8-30 所示，打开"分配驱动器号和路径"对话框，可在下拉列表中选择驱动器号，单击"下一步"按钮

图 8-30 "分配驱动器号和路径"对话框

（6）如图 8-31 所示，打开"格式化分区"对话框，在文件系统下拉列表框中选择新建分区的文件系统（如 FAT32 或 NTFS）。如果想快速格式化，请选中"执行快速格式化"复选框，然后单击"下一步"按钮。

（7）打开"正在完成新建卷向导"对话框，显示前面所做的选择，如果想修改，单击"上一步"按钮；否则，单击"完成"按钮。

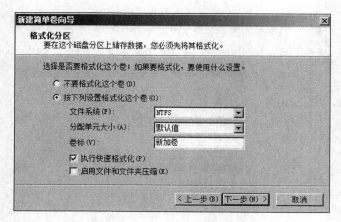

图 8-31 "格式化分区"对话框

2. 新建跨区卷

新建跨区卷的操作步骤同新建简单卷相似。不同之处是:

(1) 如图 8-28 所示,右击"磁盘管理"右侧动态磁盘未指派的分区,单击"新建跨区卷"快捷菜单。

(2) 如图 8-32 所示,打开"选择磁盘"对话框,必须选择两个或两个以上磁盘,在"选择空间量"组合框中,输入已选的磁盘大小,单击"下一步"按钮(跨区卷的容量可见"卷大小总数",两个磁盘大小可以不同)。

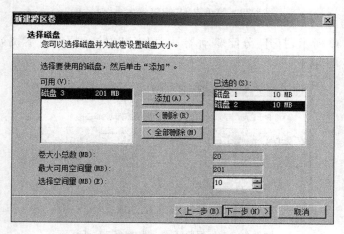

图 8-32 跨区卷的"选择磁盘"对话框

3. 新建带区卷

新建带区卷的操作步骤同新建简单卷相似。不同之处是:

(1) 如图 8-28 所示,右击"磁盘管理"右侧动态磁盘未指派的分区,单击"新建带区卷"快捷菜单。

（2）如图 8-33 所示，打开"选择磁盘"对话框，必须选择两个或两个以上磁盘，在"选择空间量"组合框中输入已选的磁盘大小，单击"下一步"按钮（带区卷的容量可见"卷大小总数"，多个磁盘大小必然相同）。

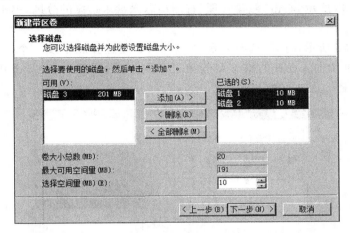

图 8-33　带区卷的"选择磁盘"对话框

4. 新建镜像卷

新建镜像卷的操作步骤同新建简单卷相似。不同之处是：

（1）如图 8-28 所示，右击"磁盘管理"右侧动态磁盘未指派的分区，单击"新建镜像卷"快捷菜单。

（2）如图 8-34 所示，打开"选择磁盘"对话框，必须选择两个磁盘，在"选择空间量"组合框中，输入已选的磁盘大小，单击"下一步"按钮（镜像卷的容量可见"卷大小总数"，两个磁盘大小必然相同）。

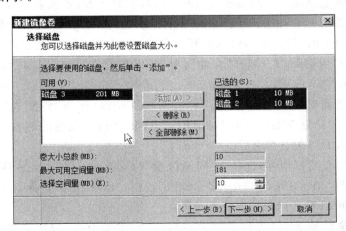

图 8-34　镜像卷的"选择磁盘"对话框

5. 新建 RAID-5 卷

新建 RAID-5 卷的操作步骤同新建简单卷相似。不同之处是：

（1）如图 8-28 所示，右击"磁盘管理"右侧动态磁盘未指派的分区，单击"新建 RAID-5 卷"快捷菜单。

（2）如图 8-35 所示，打开"选择磁盘"对话框，必须选择三个或三个以上磁盘，在"选择空间量"组合框中输入已选的磁盘大小，单击"下一步"按钮（RAID-5 卷的容量可见"卷大小总数"，多个磁盘大小必然相同）。

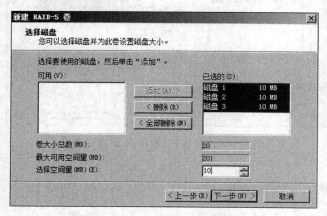

图 8-35　RAID-5 卷的"选择磁盘"对话框

6. 验证镜像卷、RAID-5 卷的容错

（1）首先在虚拟机上添加三个虚拟硬盘。分别建立简单卷、跨区卷、带区卷、镜像卷、RAID-5 卷，并在每个卷上建立一个不同的文件。关闭 Windows 操作系统。

（2）在虚拟机上删除一个虚拟硬盘（最好简单卷、跨区卷、带区卷、镜像卷、RAID-5 卷在这个虚拟硬盘都有），再在虚拟机上添加一个虚拟硬盘。然后运行虚拟机。

（3）双击桌面上的"计算机"，可以看到只有镜像卷和 RAID-5 卷。右击桌面上的"计算机"，单击"管理"快捷菜单。展开"存储"，单击"磁盘管理"，如图 8-36 所示。可以看到镜像卷和 RAID-5 卷有问题。

（4）将新的磁盘转换为动态磁盘。右击 RAID-5 卷，选择"修复卷"快捷菜单。如图 8-37 所示，打开"修复 RAID-5 卷"对话框，选择替换损坏磁盘的磁盘，单击"确定"按钮。可以看到 RAID-5 卷被修复了。

（5）右击丢失盘的镜像卷，选择"中断镜像卷"快捷菜单。如图 8-38 所示，打开"删除镜像"对话框，选择"出错的卷"，单击"删除镜像"按钮。出现"中断镜像卷"的警告消息框，单击"是"按钮。可以看到镜像卷变成了简单卷。

（6）右击原来的镜像卷（现在是简单卷），选择"添加镜像"快捷菜单。如图 8-39 所示，打开"添加镜像"对话框，选择镜像的磁盘，单击"添加镜像"按钮。可以看到镜像卷被修复了。

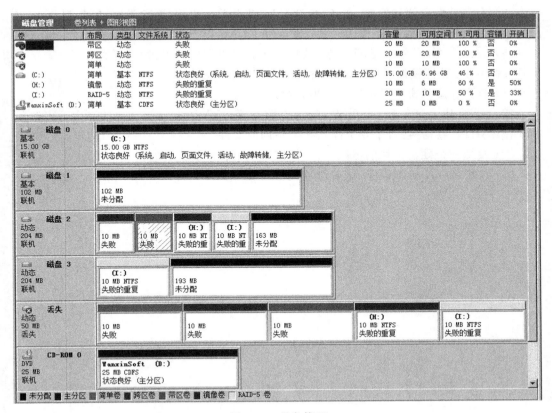

图 8-36 磁盘管理

图 8-37 "修复 RAID-5 卷"对话框

图 8-38 "删除镜像"对话框

图 8-39 "添加镜像"对话框

（7）右击丢失盘的其他卷，选择"删除卷"快捷菜单。出现"删除卷"的警告消息框，单击"是"按钮。可以卷被删除了。

（8）右击丢失盘，选择"删除磁盘"快捷菜单。可以看到丢失盘被删除了。

实验 8-3 验证镜像卷、RAID-5 卷的容错实验。

（1）首先在虚拟机上添加三个虚拟硬盘。

（2）分别建立 50MB 简单卷、60MB 跨区卷、120MB 带区卷、100MB 镜像卷、200MBRAID-5 卷，并在每个卷上建立一个不同的文件。

（3）模拟一个硬盘损坏的情况，看一下能看到哪些卷的文件？

（4）再增加一个虚拟硬盘，试着修复镜像卷和 RAID-5 卷。

第9章 FTP 服务

FTP 是一个客户/服务器系统,用户通过一个客户机程序连接至在远程计算机上运行的服务器程序。依照 FTP 协议提供服务,进行文件传送的计算机是 FTP 服务器,而连接 FTP 服务器,遵循 FTP 协议与服务器传送文件的计算机是 FTP 客户端。用户要连上 FTP 服务器,就要用到 FPT 的客户端软件,可以用 Windows 自带 FTP,也可以用专用的 FTP 客户程序如 CuteFTP、Flashfxp 等。

9.1 FTP 基本概念

FTP 是 File Transfer Protocol 的缩写,是用来在计算机之间传输文件的一个约定。简单地说,FTP 就是完成两台计算机之间的文件拷贝,从远程计算机拷贝文件至本地计算机上,称之为"下载(download)"文件,将文件从本地计算机中拷贝至远程计算机上,则称之为"上载(upload)"文件。

9.1.1 FTP 用户授权

要连上 FTP 服务器,必须要有该 FTP 服务器授权的账号,也就是说有了用户标识和口令后才能登录 FTP 服务器,享受 FTP 服务器提供的服务。

9.1.2 FTP 地址格式

ftp://[用户名:密码@]FTP 服务器 IP 或域名[:FTP 命令端口/路径/文件名]
如以下地址都是有效 FTP 地址:

```
ftp://foolish.6600.org
ftp://list:list@foolish.6600.org:2003/soft/list.txt
```

9.1.3 匿名 FTP

互联网中有很大一部分 FTP 服务器称为"匿名"(anonymous)FTP 服务器。这类服务器的目的是向公众提供文件拷贝服务,不要求用户事先在该服务器进行登记注册,也不用取得 FTP 服务器的授权。

anonymous(匿名文件传输)能够使用户与远程主机建立连接并以匿名身份从远程主机上拷贝文件,而不必是该远程主机的注册用户。用户使用特殊的用户名 anonymous,许多系统要求用户将 E-mail 地址作为口令,便可登录"匿名"FTP 服务器,访问远程主机上公开的文件。匿名 FTP 一直是 Internet 上获取信息资源的最主要方式,在 Internet 成千上万的匿名 FTP 主机中存储着无以计数的文件,这些文件包含了各种各样的信息、数据和软件。如 red hat、autodesk 等公司的匿名站点。

9.1.4 FTP 的传输模式

FTP 协议的任务是从一台计算机将文件传送到另一台计算机,它与这两台计算机所处的位置、连接的方式,甚至是是否使用相同的操作系统无关。假设两台计算机通过 FTP 协议对话,并且能访问 Internet,可以用 FTP 命令传输文件。每种操作系统使用上有某一些细微差别,但是每种协议基本的命令结构是相同的。FTP 的传输有两种方式:ASCII 传输模式和二进制数据传输模式。

9.2 Serv-U

在 Internet 网上下载并安装 Serv-U(以 Serv-U 14.0 为例)。

9.2.1 安装 Serv-U

(1) 安装开始,系统要求选择安装语言,如图 9-1 所示。

(2) 出现"欢迎使用 Serv-U 安装向导"对话框,单击"下一步"按钮。

(3) 出现"许可协议"对话框,选择"我接受协议"单选按钮,再单击"下一步"按钮。

(4) 如图 9-2 所示,出现"选择目标位置"对话框。单击"浏览"按钮,可选择 Serv-U 程序安装的文件夹,单击"下一步"按钮。

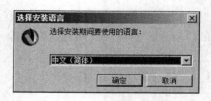

图 9-1 选择安装语言

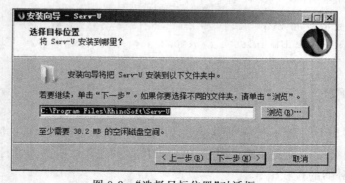

图 9-2 "选择目标位置"对话框

（5）如图 9-3 所示，出现"选择开始菜单文件夹"对话框，选中"不创建开始菜单文件夹"复选框，单击"下一步"按钮。

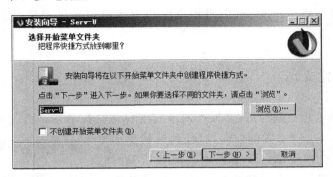

图 9-3　"选择开始菜单文件夹"对话框

（6）出现"准备安装"对话框，单击"安装"按钮。

（7）出现"完成 Serv-U 安装"对话框，选中"启动 Serv-U 管理控制台"复选框，单击"完成"按钮。

9.2.2　Serv-U 服务器概念

将 Serv-U 文件服务器作为单一的分级单元进行配置和管理。Serv-U 文件服务器有四个相关的配置级别：服务器、域、群组和用户。其中，只有群组级别是可选的，所有其他级别是文件服务器的必要组成部分。

Serv-U 服务器级别是 Serv-U 文件服务器的基本单元，也是可用的最高配置级别。它代表了文件服务器整体，并管理所有域、组和用户的行为。Serv-U 文件服务器带有一组默认选项，可逐个对其进行覆盖。因此，服务器是 Serv-U 配置等级的最高级别。域、组和用户从服务器继承了它们的默认设置。在每个较低级别可以覆盖继承的设置。

一台 Serv-U 服务器可以包含一个或多个 Serv-U 域。通过域这个接口用户连接文件服务器并访问特定用户账户。Serv-U 域的设置是从 Serv-U 服务器继承而来。它也定义了其所有群组和用户账户能继承的设置集。如果服务器级别的设置在域级别被覆盖，那么该域所有群组和用户账户将继承该值为其默认值。

Serv-U 群组是进行额外配置的可选级别，通过它可以更为方便地对分享许多相同设置的相关用户账户进行管理。通过使用群组，管理员可以快速更改多个用户账户，而不必分别手动配置各个账户。群组从它所属的域中继承所有默认设置。它定义了所有群组成员用户继承的设置集。实际上，每个用户级别设置可在群组级别进行配置，或在用户级别被覆盖。

Serv-U 用户级别处于等级底部。它可以从多个群组继承其默认设置（如果它是多个群组的成员），或从父域继承默认设置（如果它不是任何群组的成员或群组未定义默认设置）。用户账户标识了与文件服务器的物理连接，并定义了该连接的访问权限。在用户级别被覆盖的设置在他处不能被覆盖，并将永远应用于使用该用户账户进行验证的连接。

不同于群组,Serv-U 用户集对其包含的用户账户不提供任何级别的配置。相反,它只是提供了一种方法将用户归类以便查看和管理。例如,为了基于群组成员资格管理用户账户,可以创建用户集,然而当用户账户更改群组成员资格时必须手动对其进行维护。

9.2.3　Serv-U 定义域

(1) 完成加载管理控制台后,如果当前没有现存域会提示您是否创建新域,如图 9-4 所示。单击"是"按钮,启动域创建向导(任何时候要运行该向导,可以单击管理控制台顶部或更改域对话框内的新建域按钮,从管理控制台内的任何页面都可打开更改域对话框)。

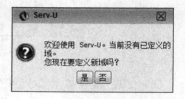

图 9-4　定义新域

(2) 如图 9-5 所示,输入唯一的域名。域名对用户是不可见的,并且不影响其他人访问域的方式。它只是域的标识符,使管理员更方便地识别和管理域。域名必须是唯一的,从而使 Serv-U 可以将其与服务器上的其他域区分开。可在描述区提供域的任何其他描述说明。默认情况下,选中"启用域"复选框,供用户访问。单击"下一步"按钮继续创建域。

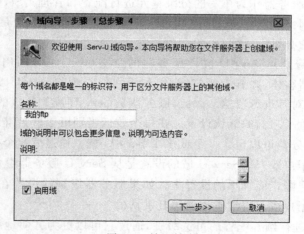

图 9-5　输入域名

(3) 如图 9-6 所示,选择协议,指定用户访问该域所用的协议。这里只选择 FTP 和 Explicit SSL/TLS,满足需求即可,最少化的服务等于最大化的安全。如提供 Web 服务,请更改 443 和 80 端口,杜绝端口冲突造成不必要麻烦。

(4) 如图 9-7 所示,指定用于连接该域的 IP 地址,以便在 Internet 上查找服务器。可以选择本机的 IP 地址,单击"下一步"按钮。

(5) 如图 9-8 所示,选择密码加密模式,可选默认单选按钮,单击"完成"按钮。

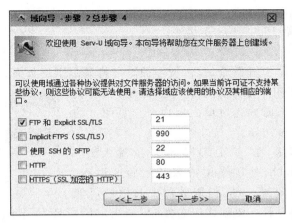

图 9-6 选择协议

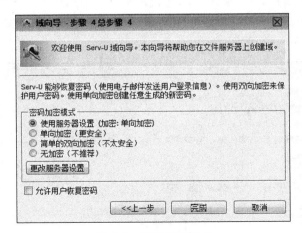

图 9-7 指定用于连接该域的 IP 地址

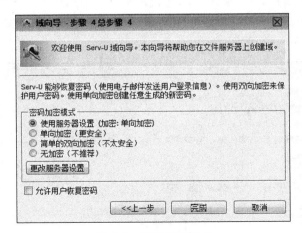

图 9-8 密码加密模式

9.2.4 创建用户账户

（1）如图 9-9 所示，创建首个域后，管理控制台将显示用户页面并询问是否希望使用
新建用户向导创建新用户账户。单击"是"按钮，启动新
建用户账户向导。任何时候通过单击用户账户页面上的
"向导"按钮可以运行该向导。

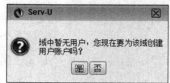

图 9-9　创建用户账户

（2）如图 9-10 所示，在"登录 ID"文本框中，输入账户
的唯一用户名，连接域时使用该用户名开始验证过程。
用户名对于该域必须是唯一的，但服务器上其他域可能
有账户拥有同样的用户名。要创建匿名账户，请指定用户名为 anonymous 或 ftp。单击
下一步继续创建用户账户。

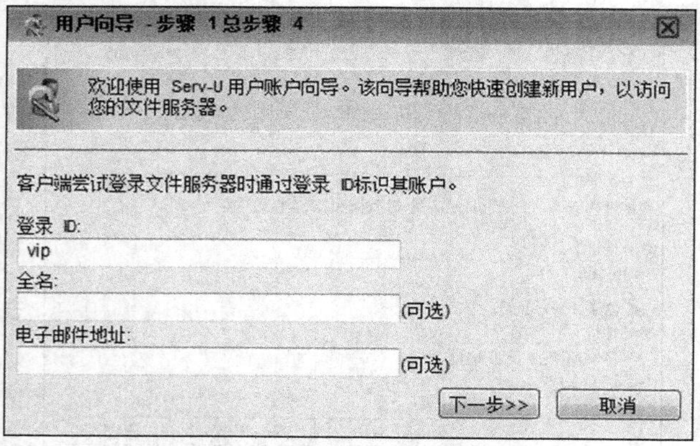

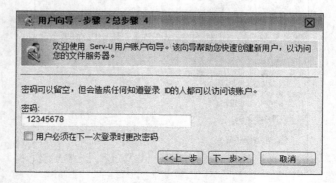

图 9-10　输入账户的唯一用户名

（3）在指定唯一用户名后，必须为账户指定密码。当用户连接域时，密码是验证用户
身份所需的。如果有人要连接该域，必须知道第一步中指定的用户名，以及此密码。如
图 9-11 所示，单击"下一步"按钮。

图 9-11　指定账户的密码

（4）如图 9-12 所示，指定账户的根目录。根目录是登录成功时用户账户在服务器硬盘（或可访问的网络资源）上所处的位置。实质上，它是用户账户在服务器上收发文件时希望使用的位置。单击"浏览"按钮转到硬盘上的某个位置（如图 9-13 所示），或手动输入该位置。如果选中"锁定用户至根目录"复选框，就不能访问其根目录结构之上的文件或文件夹。此外，根目录的真正位置将被屏蔽而显示为/，单击"下一步"按钮。

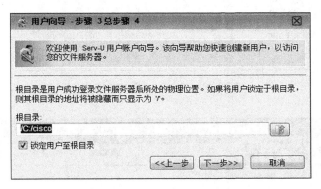

图 9-12 指定根目录

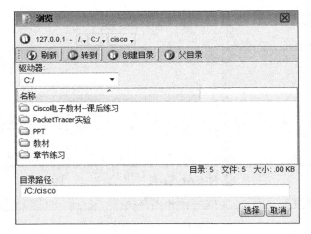

图 9-13 选择根目录

（5）如图 9-14 所示，授予用户账户访问权。访问权是按目录授予的，可访问目录中的所有子目录可以继承访问权。默认访问权是"只读访问"，这意味着用户可以列表显示其根目录中的文件和文件夹并进行下载，然而不能上传文件、创建新目录、删除文件/文件夹或重命名文件/文件夹。如果选择"完全访问"，用户就能执行所有上述操作。选择目录访问权限后，单击"完成"按钮，创建用户账户。

（6）设置账户后效果，如图 9-15 所示。双击登录 ID 中的 vip，显示"用户属性"对话框。

（7）单击"目录访问"选项卡，如图 9-16 所示。单击"编辑"按钮，显示"目录访问规则"对话框，如图 9-17 所示。可以选择相应的权限，修改后，可单击"保存"按钮，返回"目录访问"选项卡。

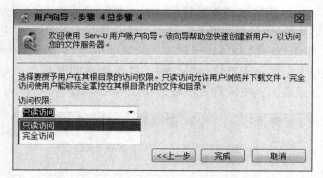

图 9-14   选择用户账户访问权

图 9-15   显示用户账户

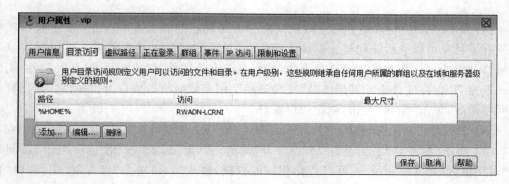

图 9-16   "用户属性"中"目录访问"选项卡

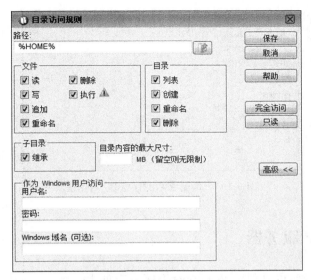

图 9-17　"目录访问规则"对话框

（8）单击"限制和设置"选项卡，如图 9-18 所示。

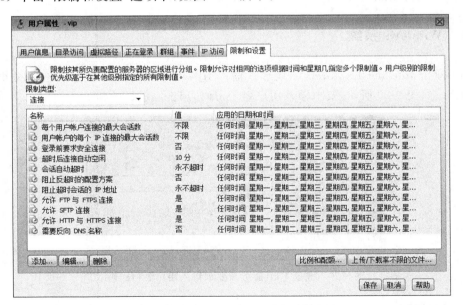

图 9-18　"用户属性"中"限制和设置"选项卡

（9）单击"比例和配额"按钮，如图 9-19 所示，出现"传输率和配额管理"对话框，在此为每位 FTP 用户设置硬盘空间。在"当前"文本框中，可知当前的所有已用空间大小，在"最大"文本框中设定最大的空间值。

（10）最后，请在有改动内容的标签卡上，单击"保存"按钮，如此才能使设置生效。现在一个简单的 FTP 服务器已创建完成。

图 9-19 "传输率和配额管理"对话框

9.3 登录 FTP 服务器

登录 FTP 服务器,可以利用 Windows 系统自带的 Internet Explorer,也可以用其他软件开发商的专用 FTP 客户端软件(如 FlashFXP)。Windows 系统中的 Internet Explorer 不支持断点续传,而 FlashFXP 支持断点续传。

9.3.1 Windows 系统

(1) 双击 Internet Explorer,在地址栏输入 ftp://192.168.1.11(Serv-U 服务器的 IP 地址)。如图 9-20 所示,要求输入用户名与密码,单击"登录"按钮。

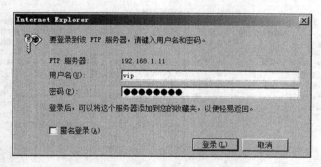

图 9-20 登录 FTP 服务器要求键入用户名和密码

(2) 如果输入用户名与密码都正确,可正确进入创建的 FTP 文件夹。

9.3.2 FlashFXP

(1) 在 Internet 网上下载并运行 FlashFXP。

(2) 第一次运行 FlashFXP,需要输入注册码。在此文件夹中有一个名为 SN.TXT 的文本文件,里面是 FlashFXP 的注册码,首先打开它,将其复制到剪贴板中。

（3）打开 FlashFXP 程序，出现"语言"对话框，按默认选择，单击 OK 按钮。如图 9-21 所示，出现 30 天试用版的提示。

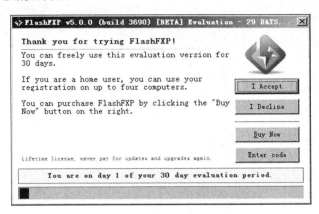

图 9-21　30 天试用版的提示

（4）单击 Enter code 按钮，出现"注册 FlashFXP"对话框，单击 Paste from Clipboard 按钮，将剪贴板中内容复制到文本框中，单击 OK 按钮。

（5）FlashFXP 要求重新运行以保存注册码，单击 OK 按钮。重新运行后不会再要求注册，可看到它的界面非常简洁明了。

（6）要连接 FTP 服务器，可单击工具栏中的 按钮。

（7）如图 9-22 所示，出现 Quick Connect（快速连接）对话框，在 Address or URL 文本框中输入 FTP 服务器的 IP 地址，在 User Name 文本框中输入用户名，在 Password 文本框中输入密码，在 Port 文本框中输入端口号（默认为 21），单击 Connect 按钮。

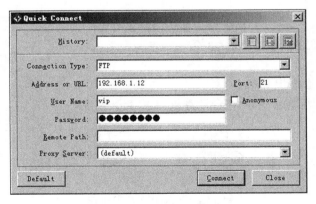

图 9-22　快速连接

（8）连接成功后的界面如图 9-23 所示，右边为 FTP 服务器中的目录与文件，左边为 FTP 客户机的本地目录与文件。要下载目录与文件，只需选择右边要下载的目录与文件，鼠标右键按住不放把它从右边窗口拖到左边窗口；要上传目录与文件，只需选择左边要上传的目录与文件，鼠标右键按住不放把它拖到右边窗口。

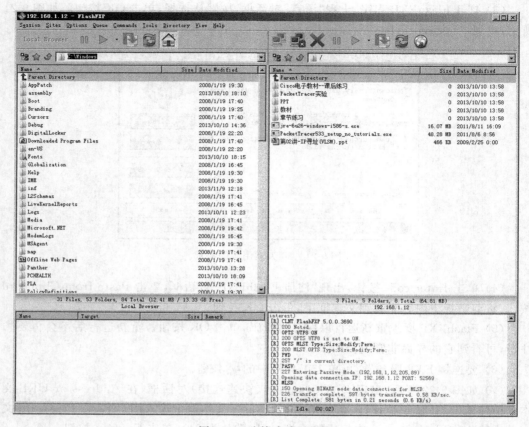

图 9-23　连接成功后界面

9.4　实践　配置 FTP 服务器

实验 9-1　配置 FTP 服务。

实验环境：如图 9-24 所示，2 台计算机，1 根交叉网线。

B机　　　　　　　　　　A机

图 9-24　FTP 服务实验环境

实验要求：

① A 机为 FTP 服务器，它的 IP 地址为 192.168.5.2，要求将 c:/software 文件夹作为 FTP 服务器的根目录，用户名为 user1，密码为 user1234。

② B 机为 FTP 客户机，它的 IP 地址为 192.168.5.3，要求能上传 c:/a.txt 文件，并下载一个文件到 c:/ftp 文件夹内。

实验 9-2 配置 WWW 与 FTP 服务。

实验环境：如图 9-25 所示，本实验需要一台交换机、三台计算机、三根直通网线。

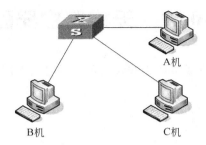

A机

B机　　　　C机

图 9-25　WWW 与 FTP 服务实验环境

实验要求：

① 编写一个网页文件，放在 d：/web 文件夹下，用来作为 www.microsoft.com 网站的物理路径。

② A 机为 DNS 服务器，它的 IP 地址为 192.168.5.2，要求解析：www.microsoft.com 的 IP 地址为 192.168.5.3。

③ B 机为 WWW 与 FTP 服务器，它的 IP 地址为 192.168.5.3，要求：能访问 http://www.microsoft.com 的网页。将 www.microsoft.com 网站主目录文件夹作为 FTP 服务器的根目录，用户名为 user1，密码为 user1234，此用户作为网站的维护员，可上传与下载网站文件。

④ C 机为客户机，它的 IP 地址为 192.168.5.5，要求：能访问 http://www.microsoft.com 的网页，并用 user1 用户维护网站。

第 10 章　无线路由器配置

配置无线路由器,使家庭成员的无线设备可以通过它上网。

10.1　无线 LAN

在许多国家,移动通信早已是众望所归。从无线键盘和头戴式耳机到卫星电话和全球定位系统（GPS）,无不代表着便携与移动的潮流。综合运用各种无线技术,可以让员工移动办公时更方便更惬意。

10.1.1　无线 LAN 标准

无线 LAN 中常用的标准有:

(1) 802.11 无线 LAN 是一套 IEEE 标准,该标准定义了如何使用免授权的工业、科学和医疗（ISM）频段的射频（RF）作为无线链路的物理层和 MAC 子层。

(2) Wi-Fi 认证由 Wi-Fi 联盟（http://www.wi-fi.org）提供,Wi-Fi 联盟是一个致力于促进 WLAN 的发展和应用的全球性非营利工业协会。

(3) 在国际上,参与制定 WLAN 标准的组织主要有三个:ITU-R(管理 RF 频段的分配)、IEEE(规定如何调制射频来传送信息)、Wi-Fi 联盟(确保不同供应商生产的设备可互操作)。

10.1.2　无线基础架构的组件

无线基础架构的组件包括:

(1) 无线网卡。无线网卡的配置会指定使用何种调制技术将数据流编码为射频信号。无线网卡通常用于移动设备,例如笔记本电脑。

(2) 无线接入点,如图 10-1 所示。无线接入点将无线客户端(或工作站)连接到有线 LAN。客户端设备通常不能直接相互通信,它们通过无线接入点（AP）进行通信。

(3) 无线路由器,如图 10-2 所示。无线路由器可以充当接入点、以太网交换机和路由器的角色。例如,Linksys WRT300N 实际上是三合一设备。首先包含无线接入点,可以执行典型的接入点功能。其次,内置的 4 端口、全双工 10/100 交换机提供连接有线设备的功能。路由器功能提供一个网关,用于连接其他网络基础架构。

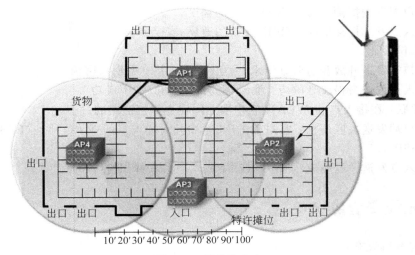

图 10-1　无线接入点

在小型企业和家庭用户中，无线路由器可以充当接入点、以太网交换机和路由器。

图 10-2　无线路由器

10.1.3　无线网络的运行

802.11 过程的关键部分是发现 WLAN 并继而连接到 WLAN。

802.11 过程的主要组件如下。

(1) 信标：WLAN 用来通告其存在性的帧。

① 接入点定期发送信标：SSID、支持的速度、安全方案。

② 带有无线网卡的客户端可以"监听"信标。

(2) 探测信号：WLAN 客户端用来查找网络的帧。

① 客户端发送探测信号：SSID、支持的速度。

② 接入点发送探测响应：SSID、支持的速度、安全方案。

（3）身份验证：

① 客户端发送开放身份验证请求：类型（开放、共享密钥）、密钥。

② 接入点发送身份验证响应：类型、密钥、"成功"或"不成功"。

（4）关联：在接入点和 WLAN 客户端之间建立数据链路的过程。

① 客户端发送关联请求：客户端的 MAC 地址、接入点的 MAC 地址（BSSID）、ESS 标识符（ESSID）。

② 接入点发送关联响应："成功"或"不成功"、关联标识符（AID）。

10.2　无线安全协议

无线安全协议有：

（1）开放式访问 SSID。未加密，基本身份验证。

（2）新一代加密技术 WEP。没有严格的身份验证，静态、可破解的密钥，不可扩展。

（3）过渡技术 WPA。标准化，改进的加密技术，基于用户、严格的身份验证（例如 LEAP、PEAP、EAPFAST）。

（4）最新技术 802.11/WPA2。AES 加密、身份验证，802.1X，动态密钥管理，WPA2 是 Wi-Fi 联盟版的 802.11i。

WEP 共享密钥加密的缺陷主要有两点。首先，加密数据所用的算法容易被破解。其次，可扩展性也是个问题。Cisco 提出了 TKIP 加密算法，该算法已经被吸纳为 Wi-Fi 联盟的 Wi-Fi 保护访问（WPA）安全方法。

在安全需求更高的网络中，客户端要获得此类访问权限还需要进行身份验证或登录。此登录过程由可扩展身份验证协议（EAP）管理。EAP 是对网络访问进行身份验证的框架。IEEE 开发了 802.11i 标准，规定 WLAN 身份验证和授权必须使用 IEEE 802.1x。802.11i 规定了两种企业级加密机制，分别是：TKIP（临时密钥完整性协议）和 AES（高级密钥标准），这两种加密机制已分别被 Wi-Fi 联盟纳入 WPA 和 WPA 2 认证中。

10.3　配置无线 LAN 接入

10.3.1　配置无线 LAN 接入的步骤

（1）检查本地有线网络的运行状态：DHCP 和 Internet 接入。

（2）安装接入点。

（3）配置接入点：SSID。

（4）安装一个无线客户端。

（5）检查无线网络的运行状态。

（6）配置无线安全功能：WPA2 和 PSK。

（7）检查无线网络的运行状态。

10.3.2 配置无线路由器

以 TP-LINKWR1041N 无线路由器为例,介绍如何配置无线路由器。首先正确地安装无线路由器,计算机连接无线路由器的 LAN 口。

(1) 配置计算机的 IP 地址为"自动获得 IP 地址"(DHCP 客户端)。

(2) 使用 ipconfig/all 命令检查配置。

(3) 在浏览器的地址栏输入默认网关的地址,如 http://192.168.1.1,输入用户名和密码(无线路由器出厂时的配置均为 admin)。如图 10-3 所示,单击"确定"按钮。

(4) 显示无线路由器的配置界面。展开左边的"网络参数",如图 10-4 所示,单击"WAN 口设置",选择 WAN 口的连接类型(动态 IP、静态 IP、PPPoE、L2TP、PPTP、DHCP+)。如果是静态的,必须配置 IP 地址、子网掩码、网关及 DNS 服务器。

(5) 如图 10-5 所示,单击"网络参数"下的"LAN 口设置",可以看到路由器的 LAN 口的 IP 地址,可以修改。如果发生修改,必须注意左边的"DHCP 服务器"分配给 DHCP 客户机的 IP 地址必须在同一段中。

图 10-3 连接无线路由器

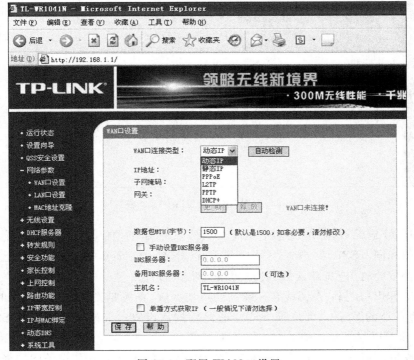

图 10-4 配置 WAN 口设置

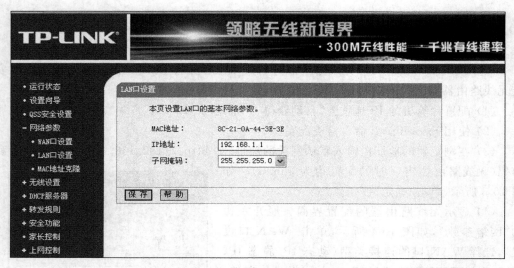

图 10-5 配置 LAN 口设置

（6）如图 10-6 所示，单击"无线设置"下的"基本设置"。

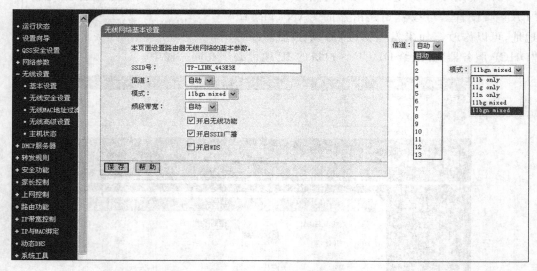

图 10-6 配置"无线设置"的"基本设置"

① SSID 号是无线网络中所有接入点共享的网络名称。无线网络中所有设备的 SSID 都必须相同。SSID 区分大小写，且不得超过 32 个字符（可以使用键盘上的任何字符）。为提高安全性，应将默认的 SSID 更改为唯一的名称。

② 开启 SSID 广播：在无线客户端勘测本地区域，查找要关联的无线网络时，它们会检测接入点广播的 SSID。要广播 SSID，请保持默认设置。如果不希望广播 SSID，请不选择"开启 SSID 广播"复选框。

③ 频段带宽：要在使用 Wireless-N、Wireless-G 和 Wireless-B 设备的网络中获得最

佳的性能,请保持默认设置"自动"。如果仅有 Wireless-N 设备,请选择 Wide-40MHz Channel。如果仅有 Wireless-G 和 Wireless-B 网络连接,请选择 Standard-20MHz Channel。

④ 信道:可选择"自动"或 1~13。如果此无线路由器附近有其他无线路由器,它们的信道比较接近,有可能形成同频干扰(如图 10-7 所示)。发生干扰时,可将两个无线路由器的信道差开(如一个无线路由器的信道设为 1,另一个无线路由器的信道设为 6)。

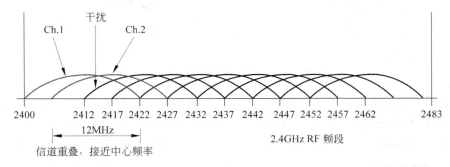

图 10-7 同频干扰

⑤ 模式:如果网络中有 Wireless-N、Wireless-G 和 802.11b 设备,请保持默认设置 iibgn mixed。如果有 Wireless-G 和 802.11b 设备,请选择 11bg mixed。如果只有 Wireless-N 设备,则选择 11n Only。如果只有 Wireless-G 设备,则选择 11g Only。如果只有 Wireless-B 设备,则选择 11B Only。

⑥ 如果要禁用无线网络连接,请不选择"开启无线功能"复选框。默认为启用无线网络连接,选择"开启无线功能"复选框。

⑦ 对该屏幕完成更改后,单击"保存"按钮保存更改。

(7) 如图 10-8 所示,单击"无线设置"下的"无线安全设置",设置无线安全。

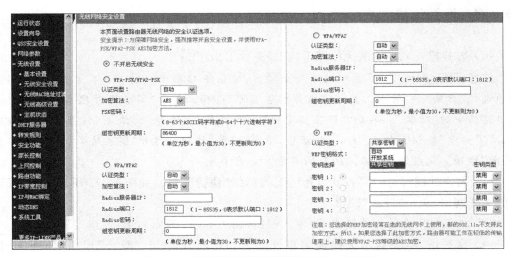

图 10-8 配置"无线设置"的"无线安全设置"

（8）如图 10-9 所示，可选择 WPA-PSK/WPA2-PSK 或 WEP 单选按钮，选择相应的认证类型、加密算法（AES 是比 TKIP 更强大的加密算法）与密码（密钥）。

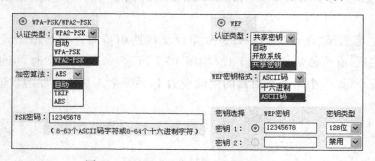

图 10-9 配置"无线设置"的"安全认证"

（9）由于无线路由器的出厂时的用户名和密码均配置为 admin，因此带来安全问题。要更改登录口令，单击"系统工具"下的"修改登录口令"，如图 10-10 所示。输入原用户名 admin，原口令 admin，再输入想更改的新用户名，新口令输入两遍，单击"保存"按钮。

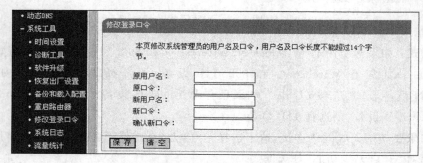

图 10-10 修改登录口令

10.3.3 配置无线客户

（1）客户机正确地安装无线网卡，在任务栏上出现▣。

注意：Windows 2008 系统为了安全考虑，默认不启用无线功能。要启用无线功能，必须选择"开始"→"管理工具"→"服务器管理器"选项。打开"服务器管理器"窗口，单击左边窗格中的"功能"。单击右边窗格中的"添加功能"。选择"无线 LAN 服务"复选框，单击"下一步"按钮。打开"确认"对话框，单击"安装"按钮。打开"安装结果"对话框，单击"关闭"按钮。完成无线 LAN 服务的安装。重启系统。

（2）右击此图标，选择"查看可用的无线网络"快捷菜单。如图 10-11 所示，选择想连接的无线网络，单击"连接"按钮。

（3）如果是安全的无线网络，要输入密钥（如图 10-12 所示），单击"连接"按钮。

（4）密钥正确，会显示无线网络已连接。如想断开，单击"断开"按钮，如图 10-13 所示。

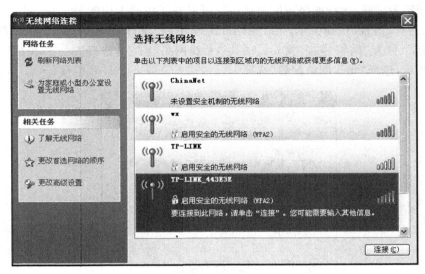

图 10-11　选择无线网络

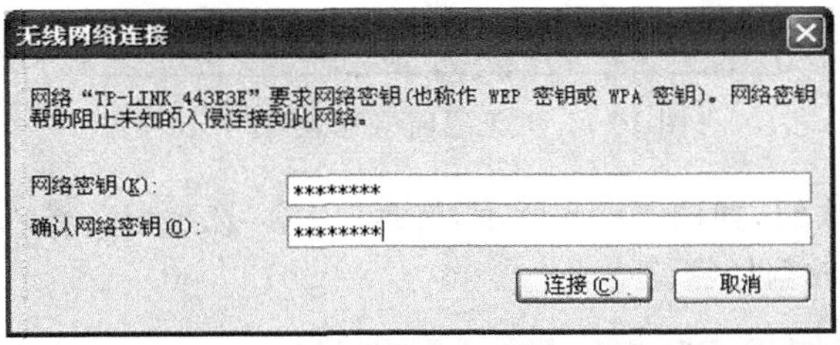

图 10-12　输入网络密钥

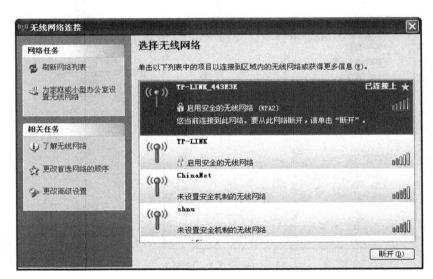

图 10-13　无线网络已连接

（5）密钥不正确,无线网络不能连接。也可以在无线网卡中配置。在 Windows 中右击"网络",选择"属性"快捷菜单。在"网络和共享中心"窗口中,单击左边"任务"中的"管理网络连接",打开"网络连接"窗口。右击"无线网络连接",选择"属性"快捷菜单。如图 10-14 所示,选择"无线网络配置"选项卡。

图 10-14 "无线网络配置"选项卡

（6）单击"属性"按钮,如图 10-15 所示,选择"关联"选项卡。输入 SSID、"网络密钥",选择网络身份验证及数据加密。

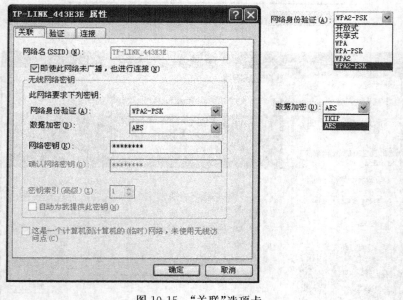

图 10-15 "关联"选项卡

10.3.4 实践 配置无线网络

（1）设置路由器要求：

① 设置 Internet 设置中的 IP 地址设置：将 Internet IP 地址设置为 172.17.88.35、将子网掩码设置为 255.255.255.0、默认网关设置为 172.17.88.1。

② 开启无线功能。假设所有客户端只运行 B 模式，网络名称（SSID）为 WRS3，不开启 SSID 广播，信道设为 6-2.437GHZ。WPA2-PSK 认证类型、AES 加密、密码为 1234567890。

（2）客户机无线连接上面(1)所设的路由器。

第二部分

路由器与交换机的配置

考虑到 Cisco Systems Inc.（思科系统公司）是全球领先的互联网设备供应商，在业界，尤其是在网络硬件方面，相对于其他公司保持着一定的优势。这部分内容是以思科公司生产的路由器与交换机为例，介绍如何配置静态路由、动态路由（RIP、OSPF），配置 VLAN，配置 DHCP 服务器。

通过学习，要求能掌握交换机、路由器的安装与配置技术，发挥交换机和路由器在组网中的作用，具备独立规划、组建和维护大、中型局域网的能力。

第11章 路由器与交换机的基本配置

11.1 路由器的基本概念

路由器其实也是计算机,它的组成结构类似于任何其他计算机(包括 PC)。路由器中含有许多其他计算机中常见的硬件和软件组件,包括 CPU、RAM、ROM、操作系统。路由器是网络组成的中心,连接多个网络,这意味着它具有多个接口,每个接口属于不同的 IP 网络,这些接口用于连接局域网(LAN)和广域网(WAN)。

路由器主要负责将数据包传送到本地和远程目的网络,其方法是:确定发送数据包的最佳路径、将数据包转发到目的地。

11.1.1 路由器的组成

如图 11-1 所示,路由器的组成及功能如下:

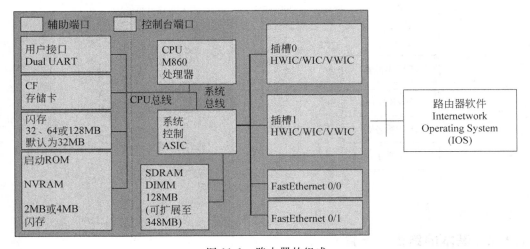

图 11-1 路由器的组成

(1) CPU。执行操作系统的指令。

(2) 随机访问存储器(RAM)。RAM 中内容断电丢失。它运行操作系统、运行配置文件,有 IP 路由表、ARP 缓存、数据包缓存区。

(3) 只读存储器(ROM)。保存开机自检软件,存储路由器的启动引导程序。它有 bootstrap 指令、基本的自检软件、迷你版 IOS。

(4) 非易失 RAM(NVRAM)。存储启动配置,包括 IP 地址、路由协议、主机名。NVRAM 被 Cisco IOS 用作存储启动配置文件(startup-config)的永久性存储器。

（5）闪存。运行操作系统（Cisco IOS）。闪存用作操作系统 Cisco IOS 的永久性存储器。

（6）Interfaces。拥有多种物理接口用于连接网络。

Cisco 路由器采用的操作系统软件称为 Cisco Internetwork Operating System（IOS）。与计算机上的操作系统一样，Cisco IOS 会管理路由器的硬件和软件资源，包括存储器分配、进程、安全性和文件系统。Cisco IOS 属于多任务操作系统，集成了路由、交换、网际网络及电信等功能。

路由器启动时，NVRAM 中的 startup-config 文件会复制到 RAM，并存储为 running-config 文件。IOS 接着会执行 running-config 中的配置命令。网络管理员输入的任何更改均存储于 running-config 中，并由 IOS 立即执行。

如图 11-2 所示，路由器启动的主要步骤如下：

（1）检测路由器硬件。Power-On Self Test（POST）、执行引导装入程序。

（2）定位加载 Cisco IOS 软件。定位 IOS、加载 IOS。

（3）定位加载启动配置文件或进入配置模式。

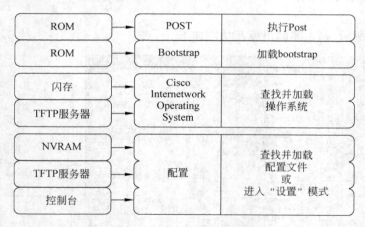

图 11-2　路由器的启动步骤

11.1.2　基本的路由器配置

如图 11-3 所示，人们可以通过多种方法访问 CLI 环境。最常用的方法有控制台、Telnet 或 SSH、辅助端口。

网络设备依靠下列两类软件才能运行：操作系统和配置。每台 Cisco 网络设备包含以下两个配置文件：

（1）运行配置文件。用于设备的当前工作过程中。

（2）启动配置文件。用作备份配置，在设备启动时加载。

访问设备上的Cisco IOS

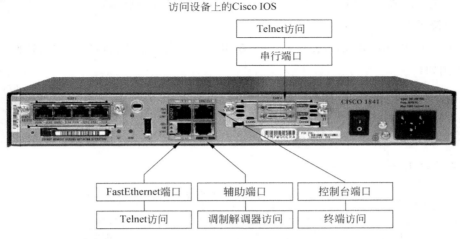

图 11-3　访问 Cisco 的 IOS

Cisco IOS 设计为模式化操作系统,每种模式有各自的工作领域。对于这些模式,CLI 采用了层次结构,如图 11-4 所示。主要的模式有(按照从上到下的顺序排列):用户执行模式、特权执行模式、全局配置模式、其他特定配置模式。

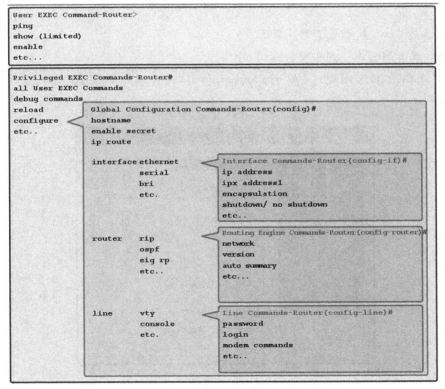

图 11-4　IOS 模式的分层结构

用户执行模式由采用＞符号结尾的 CLI 提示符标识；特权执行模式由采用 ♯ 符号结尾的提示符标识。

① enable 和 disable 命令用于使 CLI 在用户执行模式和特权执行模式间转换。

② 例如：

```
Router>enable
Router#disable
Router>
```

基本 IOS 命令结构，如图 11-5 所示。

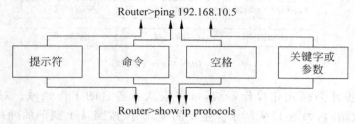

提示符和命令后跟一个空格，然后是关键字或参数

图 11-5　IOS 命令的基本结构

下面通过 Console 线配置路由器。

① PC 或终端已连接到控制台端口。

② 终端仿真器应用程序（如 HyperTerminal）正在运行且配置正确，如图 11-6～图 11-11 所示。

图 11-6　位置信息

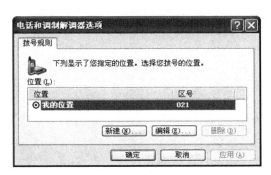

图 11-7　"拨号规则"中的位置

图 11-8　新建连接

图 11-9　"连接到"窗口

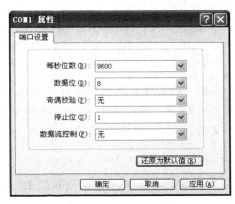

图 11-10　COM1 属性

图 11-11　超级终端程序

③ 在控制台上查看启动过程。

下面是 IOS 提供多种形式的帮助。

① 对上下文敏感的帮助：?。

② 命令语法检查：当通过按 Enter 键提交命令，命令行解释程序从左向右解析该命令，以确定用户要求执行的操作。

③ 热键和快捷方式：Tab 键补全命令或关键字的剩下部分。

基本路由器配置如下所示。

① 首先进入全局配置模式。

```
Router#configure terminal
Router(config)#
```

② 为路由器设置唯一的主机名。

```
Router(config)#hostname R1
R1(config)#
```

③ 路由器创建和使用强口令。

```
R1(config)#enable secret class
```

④ 配置路由器串行接口的 IP 地址。

```
R1(config)#interface  Serial  0/0/0
R1(config-if)#ip  address  192.168.2.1  255.255.255.0
Router(config-if)#no  shutdown
```

注意：在实验室环境中进行点对点串行链路布线时,电缆的一端标记为 DTE,另一端标记为 DCE。对于串行接口连接到电缆 DCE 端的路由器,其对应的串行接口上需要另外使用 clock rate 命令配置。

```
R1(config-if)#clock  rate  64000
```

⑤ 配置路由器 FastEthernet 的 IP 地址。

```
R1(config)#interface  FastEthernet  0/0
R1(config-if)#ip  address  192.168.1.1  255.255.255.0
R1(config-if)#no  shutdown
```

⑥ 显示运行配置。

```
R1#show  running-config
```

⑦ 路由器配置完成并经过测试后,必须将 running-config 保存到 startup-config 作为永久性配置文件。

```
R1#copy  running-config  startup-config
```

⑧ 显示 IOS 当前在选择到达目的网络的最佳路径时所使用的路由表。

```
R1#show  ip  route
```

⑨ 显示所有的接口配置参数和统计信息。

```
R1#show  interfaces
```

⑩ 显示简要的接口配置信息,包括 IP 地址和接口状态。

```
R1#show  ip  interface  brief
```

11.1.3 实践 配置路由器的 IP 地址

实验 11-1 实验环境如图 11-12 所示,本实验需要四台路由器。

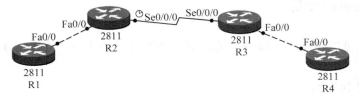

图 11-12 配置路由器实验环境

实验要求:

(1) 如表 11-1 所示设置路由器的 IP 地址。

表 11-1 设置路由器的 IP 地址

路由器	接　口	IP 地址	子 网 掩 码
R1	fastEthernet 0/0	192.168.1.1	255.255.255.0
R2	serial 0/0/0	192.168.2.1	255.255.255.0
R2	fastEthernet 0/0	192.168.1.2	255.255.255.0
R3	serial 0/0/0	192.168.2.2	255.255.255.0
R3	fastEthernet 0/0	192.168.3.1	255.255.255.0
R4	fastEthernet 0/0	192.168.3.2	255.255.255.0

(2) 设置完成后,永久保存设置。

(3) 查看设置情况。

(4) 如果将路由器 R1 改为计算机 A,路由器 R4 改为计算机 B,则计算机 A 与计算机 B 应如何设置?

计算机 A 的 IP 地址为 192.168.1.1,子网掩码为 255.255.255.0,默认网关为 192.168.1.2;计算机 B 的 IP 地址为 192.168.3.2,子网掩码为 255.255.255.0,默认网关为 192.168.3.1。

(5) 测试:计算机 A 与 IP 地址为 192.168.2.2 的路由器 R3 能否 ping 通?计算机 A 与计算机 B 能否 ping 通?想一下为什么?

11.2 交换机的基本概念

交换机也是计算机,它的组成结构类似于路由器,它是基于 MAC 进行工作的,它的 IOS 的基本使用方法和路由器是一样的。交换机分为 2 层 LAN 交换机和 3 层交换机。

(1) 第 2 层 LAN 交换机只根据 OSI 数据链路层(第 2 层)MAC 地址执行交换和过

滤。第2层交换机对网络协议和用户应用程序完全透明。

（2）第3层交换机不仅使用第2层MAC地址信息来作出转发决策，而且还可以使用IP地址信息，能够执行第3层路由功能，从而省去了LAN上对专用路由器的需要。

11.2.1　交换机的作用

2层交换机可以隔离冲突域，基于收到的数据帧中的源MAC地址和目的MAC地址进行工作的。

交换机的作用有两个：

（1）维护CAM(Context Address Memory)表，该表是MAC地址和交换机端口的映射表。

（2）根据CAM进行数据帧的转发。

11.2.2　基本交换机配置

（1）首先进入全局配置模式。

```
Switch>enable
Switch#configure terminal
Switch(config)#
```

（2）为交换机设置唯一的主机名。

```
Switch (config)#hostname  S1
S1(config)#
```

（3）交换机创建和使用强口令。

```
S1 (config)#enable secret class
```

（4）显示运行配置。

```
S1#show  running-config
```

（5）交换机配置完成并经过测试后，必须将running-config保存到startup-config作为永久性配置文件。

```
S1#copy  running-config  startup-config
```

11.2.3　实践　配置交换机

实验11-2　实验环境：如图11-13所示。

实验要求：将交换机改名为S1，并保存配置。

图 11-13　配置交换机实验环境

11.3　使用 Cisco Packet Tracer 软件

Cisco Packet Tracer 软件是 Cisco 设备的模拟器,可选下载并安装软件。

11.3.1　Cisco Packet Tracer 软件简介

打开 Cisco Packet Tracer 软件,其运行界面如图 11-14 所示。

图 11-14　Cisco Packet Tracer 软件界面

设备类型选择箱中有路由器、交换机、集线器、无线设备、连接线、终端设备、WAN 仿真、顾客自定义设备、多用户连接。

路由器的具体类型选择箱如图 11-15 所示,可以选择路由器。

图 11-15　路由器的具体类型选择箱

交换机的具体类型选择箱如图 11-16 所示,可以选择交换机。

无线设备的具体类型选择箱如图 11-17 所示,可以选择无线设备。

连接线的具体类型选择箱如图 11-18 所示,可以选择:自动选择连接类型、Console线、直通线、交叉线、光纤、电话线、同轴电缆、串行线 DCE、串行线 DTE。

图 11-16   交换机的具体类型选择箱

图 11-17   无线设备的具体类型选择箱

图 11-18   无线设备的具体类型选择箱

终端设备的具体类型选择箱如图 11-19 所示，可以选择计算机、笔记本、服务器等终端设备。

图 11-19   终端设备的具体类型选择箱

用鼠标将具体类型选择箱中相应的设备拖入工作区，并连线，这些设备就能进行工作，如图 11-20 所示。要完成需要的工作，就必须在工作区中配置这些设备。

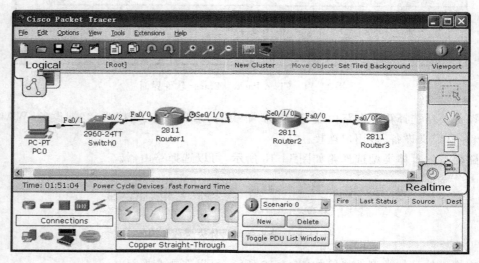

图 11-20   在工作区的设备

要修改设备的硬件配置，可以增加模块，方法为双击工作区的设备，在 Physical 选项卡中，首先关闭设备电源。然后，将需要的模块拖入设备相应的槽口，最后开启设备电源。

如图 11-21 所示,路由器增加了 WIC-1T 与 WIC-2T 串行模块。同样,也可以减少模块,方法为双击工作区的设备,在 Physical 选项卡中,首先关闭设备电源。然后,将不需要的模块从设备的槽口中拖入 MODULES,最后开启设备电源。

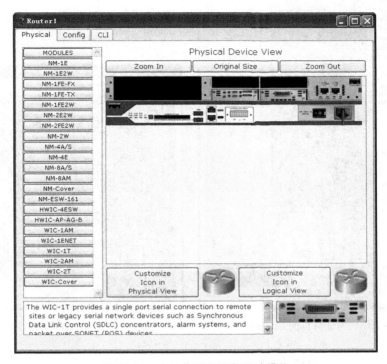

图 11-21　在工作区的设备增减模块

如图 11-21 所示,要配置设备,可单击 CLI 选项卡,输入配置命令。

对计算机终端设备,可修改模块,方法为双击工作区的计算机,在 Physical 选项卡中,首先关闭计算机电源。然后,将不需要的模块从计算机拖入 MODULES 中,将需要的模块拖入计算机,最后开启计算机电源。如图 11-22 所示,将无线网卡替换为有线的普通网卡。要配置计算机可单击 Desktop 选项卡,如图 11-23 所示。

11.3.2　实践　使用 Cisco Packet Tracer 软件

实验 11-3　实验环境如图 11-24 所示。

要求:如图配置路由器 R1、R2 串口的 IP 地址,并使路由器 R1 与路由器 R2 能相互 ping 通。

实验 11-4　实验环境如图 11-25 所示。

要求:如图配置路由器 R1 以太网口的 IP 地址,并配置计算机 PC0、PC1 的 IP 地址,使计算机 PC0 与计算机 PC1 能相互 ping 通。

想一下:计算机除配 IP 地址、子网掩码外,还要配什么?

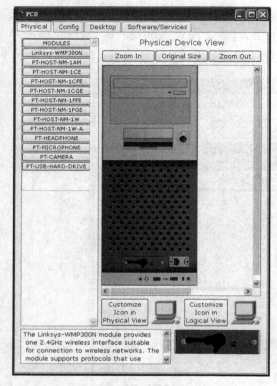

图 11-22　在工作区的计算机的 Physical 选项卡　　图 11-23　在工作区的计算机的 Desktop 选项卡

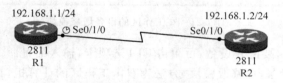

图 11-24　路由器用串口连接实验环境

图 11-25　路由器连接两个计算机实验环境

计算机 PC0 的默认网关为什么？

计算机 PC1 的默认网关为什么？

实验 11-5　限制路由器访问实验环境如图 11-26 所示。

① 限制人员通过控制台连接访问路由器。

Cisco IOS 设备的控制台端口具有特别权限。作为最低限度的安全措施，必须为所有网络设备的控制台端口配置强口令。这可降低未经授权的人员将电缆插入实际设备来访

图 11-26 限制人员通过设备连接访问路由器实验环境

问设备的风险。

```
Router>enable
Router#configure terminal
Router(config)#line console 0
Router(config-line)#password  abc123
Router(config-line)#login
Router(config-line)#exit
```

为提供更好的安全性，请使用 enable password 命令或 enable secret 命令，可用于在用户访问特权执行模式（使能模式）前进行身份验证。以下两个只需要选一个即可。

```
Router(config)#enable  password  123456        //明码口令 123456
Router(config)#enable  secret  123456          //MD5 加密口令 123456
```

将运行配置文件保存到启动配置文件的命令

```
Router#copy  running-config  startup-config
Router#reload   //重启设备
```

② 限制人员通过 Telnet 连接访问路由器。

如图 11-23 所示，可单击计算机中 Desktop 选项卡，单击 terminal 图标。

如图 11-27 所示，显示"终端配置"界面，单击 OK 按钮。

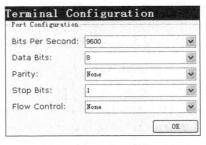

图 11-27 终端配置

VTY 线路使用用户可通过 Telnet 访问路由器。许多 Cisco 设备默认支持五条 VTY 线路，这些线路编号为 0～4。所有可用的 VTY 线路均需要设置口令。可为所有连接设置同一个口令。然而，理想的做法是为其中的一条线路设置不同的口令，这样可以为管理员提供一条保留通道，当其他连接均被使用时，管理员可以通过此保留通道访问设备以进行管理工作。

```
Router>enable
Router#configure  terminal
//fa0/0 接口设置 IP 地址为 59.78.141.1
Router(config)#interface  fastEthernet  0/0
```

```
Router(config-if)#ip address 59.78.141.1 255.255.255.0
Router(config-if)#no shutdown
Router(config-if)#exit
Router(config)#line vty 0 4
Router(config-line)#password 123abc
Router(config-line)#login
Router(config-line)#exit
Router(config)#enable password 123456
Router(config)#end
Router#copy running-config startup-config
```

计算机 PC0 设置：设置 IP 地址为 59.78.141.2，子网掩码为 255.255.255.0，默认网关为 59.78.141.1。如图 11-23 所示，可单击 Command Prompt 图标。

```
PC>telnet 59.78.141.1
Trying 59.78.141.1 ...Open
User Access Verification
Password:                    //输入 123abc,输入时不显示
Router>enable
Password:                    //输入 123456,输入时不显示
Router#
```

实验 11-6 限制交换机访问实验环境如图 11-28 所示。

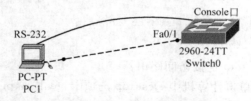

图 11-28 限制人员通过设备连接访问交换机实验环境

① 限制人员通过控制台连接访问交换机。

```
Switch>enable
Switch#configure terminal
Switch (config)#line console 0
Switch (config-line)#password abc123
Switch (config-line)#login
Switch (config-line)#exit
Switch (config)#enable password 123456
```

② 限制人员通过 Telnet 连接访问交换机。

如图 11-23 所示，可单击计算机中 Desktop 选项卡，单击 terminal 图标。

如图 11-27 所示，显示"终端配置"界面，单击 OK 按钮。

```
Switch>enable
```

```
Switch#configure  terminal
Switch(config)#interface  vlan  1  //进入 vlan1 默认 vlan 进行管理
Switch(config-if)#ip  address  59.78.141.1  255.255.255.0  //输入 IP 地址和子
                                                             //网掩码
Switch(config-if)#no  shutdown      //激活设置
Switch(config-if)#exit
Switch(config)#line  vty  0  4
Switch(config-line)#password  123abc
Switch(config-line)#login
Switch(config-line)#exit
Router(config)#enable  password  123456
Router(config)#end
Router#copy  running-config  startup-config
```

计算机 PC1 设置：设置 IP 地址为 59.78.141.2,子网掩码为 255.255.255.0,默认网关为 59.78.141.1。如图 11-23 所示,可单击 Command Prompt 图标。

```
PC>telnet 59.78.141.1
Trying 59.78.141.1 ...Open
User Access Verification
Password:                        //输入 123abc,输入时不显示
Switch>enable
Password:                        //输入 123456,输入时不显示
Switch#
```

第 12 章　配置 VLAN

VLAN(Virtual Local Area Network)为"虚拟局域网",一个 VLAN 内部的广播和单播流量都不会转发到其他 VLAN 中,从而有助于控制流量、减少设备投资、简化网络管理、提高网络的安全性。所以,在企业中,可以将同一部门的计算机放置在交换机的同一个 VLAN 上,不同部门的计算机放置在交换机的不同的 VLAN 上。这样,同一部门的计算机就能相互访问,如果没有配置路由器或三层交换机,不同部门的计算机就不能相互访问。我们可对路由器或三层交换机配置访问控制列表(ACL)来达到限制部分或全部计算机的访问。

VLAN 的好处主要有三个:

(1) 端口的分隔。即便在同一个交换机上,处于不同 VLAN 的端口也是不能通信的。这样一个物理的交换机可以当作多个逻辑的交换机使用。

(2) 网络的安全。不同 VLAN 不能直接通信,杜绝了广播信息的不安全性。

(3) 灵活的管理。更改用户所属的网络不必换端口和连线,只更改软件配置就可以了。

12.1　VLAN 的基本概念

VLAN 是一种将局域网(LAN)设备从逻辑上划分(注意,不是从物理上划分)成一个个网段(或者说是更小的局域网 LAN),从而实现虚拟工作组(单元)的数据交换技术。这一技术主要应用于交换机和路由器中,但主流应用还是在交换机之中。

12.1.1　VLAN 简介

(1) VLAN 优点(如图 12-1 所示)。

(2) VLAN 能够在逻辑上把一个广播域划分成多个广播域。

(3) VLAN ID 范围:接入 VLAN 分为普通范围和扩展范围。

① 普通范围的 VLAN。

• VLAN ID 范围为 1~1005。

• 从 1002 到 1005 的 ID 保留供令牌环 VLAN 和 FDDI VLAN 使用。

• ID 1 和 ID 1002 到 1005 是自动创建的,不能删除。

• 配置存储在名为 vlan.dat 的 VLAN 数据库文件中,vlan.dat 文件则位于交换机的闪存中。

② 扩展范围的 VLAN。

• VLAN ID 范围从 1006 到 4094。

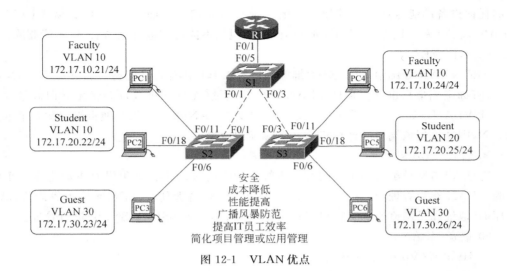

图 12-1　VLAN 优点

- 支持的 VLAN 功能比普通范围的 VLAN 更少。
- 保存在运行配置文件中。

③ 一台 Cisco Catalyst 2960 交换机可支持最多 255 个普通范围与扩展范围的 VLAN,但是配置的 VLAN 数量的多少会影响交换机硬件的性能。

(4) VLAN 的类型(如图 12-2 所示)。

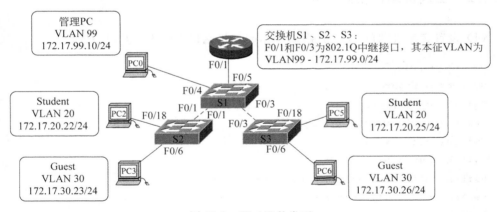

图 12-2　VLAN 的类型

① 数据 VLAN。

数据 VLAN 只传送用户产生的流量。VLAN 也可以传送语音流量或用于传送管理交换机的流量,但这种流量可以从数据 VLAN 隔离开。一般会将语音流量和管理流量与数据流量分开。"数据 VLAN"来标识这种只传送用户数据的 VLAN,有时也称为"用户 VLAN"。

② 默认 VLAN。

在交换机初始启动之后,交换机的所有端口即加入默认 VLAN 中。让所有这些交换机端口参与默认 VLAN 会使这些端口全部位于同一个广播域中。连接到交换机任何端口的任何设备都能与连接到其他端口的其他设备通信。Cisco 交换机的默认 VLAN 是 VLAN 1。VLAN 1 具有 VLAN 的所有功能,但是不能对它进行重命名,也不能删除。

③ 本征 VLAN。

本征 VLAN 分配给 802.1Q 中继端口。802.1Q 中继端口支持来自多个 VLAN 的流量(有标记流量),也支持来自 VLAN 以外的流量(无标记流量),会将无标记流量发送到本征 VLAN。如图 12-2 所示,本征 VLAN 为 VLAN 99。如果交换机端口配置了本征 VLAN,则连接到该端口的计算机将产生无标记流量。

④ 管理 VLAN。

管理 VLAN 是配置用于访问交换机管理功能的 VLAN。如果没有主动定义一个唯一的 VLAN 作为管理 VLAN,则 VLAN 1 会默认充当管理 VLAN,需要为管理 VLAN 分配 IP 地址和子网掩码。交换机可通过 HTTP、Telnet、SSH 或 SNMP 进行管理。

⑤ 语音 VLAN。

- IP 语音(VoIP)流量要求:
- 足够的带宽来保证语音质量。
- 高于其他网络流量类型的传输优先级。
- 能够在融合网络中得到路由。
- 在网络上的延时小于 150 毫秒(ms)。

12.1.2　交换机端口模式配置

(1) 设置交换机端口 1,2 为 VLAN 2,交换机端口 10~15 为 VLAN 3。

```
Switch>enable
Switch#configure terminal
Switch(config)#vlan 2
Switch(config-vlan)#exit
Switch(config)#vlan 3
Switch(config-vlan)#exit
Switch(config)#interface fastEthernet 0/1
Switch(config-if)#switchport mode access
Switch(config-if)#switchport access vlan 2
Switch(config-if)#exit
Switch(config)#interface fastEthernet 0/2
Switch(config-if)#switchport mode access
Switch(config-if)#switchport access vlan 2
Switch(config-if)#exit
Switch(config)#interface range fastEthernet 0/10 -15
Switch(config-if-range)#switchport mode access
Switch(config-if-range)#switchport access vlan 3
Switch(config-if-range)#exit
```

（2）查看 VLAN 的信息：

```
Switch#show vlan
```

12.1.3　实践　VLAN 配置

实验 12-1　环境如图 12-3 所示，本实验要求一台交换机、两台计算机、两根直通网线。

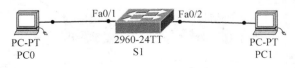

Fa0/1　　　　Fa0/2

PC-PT　　　　2960-24TT　　　　PC-PT
PC0　　　　　　S1　　　　　　　PC1

图 12-3　VLAN 的实验

实验要求：

（1）配置 PC0 计算机的 IP 地址为 192.168.1.2，配置 PC1 计算机的 IP 地址为 192.168.1.3。

（2）设置交换机端口 1、2、3 为 VLAN 2，交换机端口 21、22、23 为 VLAN 3。

（3）实践一下：

① 将 PC0 接在交换机的端口 1 上，PC1 接在交换机的端口 2 上，检查 PC0 与 PC1 是否相通？

② 将 PC1 接在交换机的端口 23 上，检查 PC0 与 PC1 是否相通？

③ 最后将 PC0 接在交换机的端口 22 上，检查 PC0 与 PC1 是否相通？

④ 想一下，为什么会这样？

12.2　Trunk（中继模式）

VLAN 的端口聚合也叫 Trunk，是用来在不同的交换机之间进行连接，以保证在跨越多个交换机上建立的同一个 VLAN 的成员能够相互通信。其中交换机之间互联用的端口就称为 Trunk 端口。如果在两个交换机上分别划分了多个 VLAN，分别在两个交换机上的 VLAN10 和 VLAN20 的各自的成员如果要互通，需要在 A 交换机上设为 VLAN10 的端口中取一个和交换机 B 上设为 VLAN10 的某个端口作级联连接。VLAN20 也是这样。如果交换机上划了 10 个 VLAN 就需要分别连 10 条线作级联，端口效率太低了。当交换机支持 Trunk 时，只需要两个交换机之间有一条级联线，并将对应的端口设置为 Trunk，这条线路就可以承载交换机上所有 VLAN 的信息。这样就算交换机上设了上百个 VLAN 也只用 1 个端口。

当一个 VLAN 跨过不同的交换机时，在同一 VLAN 上但是却是在不同的交换机上的计算机进行通信时需要使用 Trunk。Trunk 技术使得一条物理线路可以传送多个VLAN 的数据。

12.2.1 配置 Trunk

如图 12-4 所示，设置交换机 S1、S2 端口 1、2、3 为 VLAN 2，交换机 S1、S2 端口 21、22、23 为 VLAN 3(查看 10.1.2 节交换机端口模式配置)。

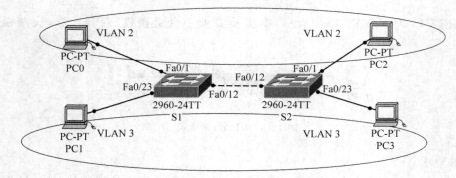

图 12-4　Trunk 配置实验

1. 配置 Trunk

```
Switch(config)#interface  fastEthernet  0/12
Switch(config-if)#switchport  trunk  encanpsulation  dot1q
//配置 Trunk 链路的封装类型，同一链路的两端封装要相同。
//有的交换机的 IOS 只能封装 dot1q，因此无此命令，无须执行
Switch(config-if)#switchport  mode  trunk
//把接口模式配置为 Trunk
Switch(config-if)#exit
```

注意：交换机 S1 与交换机 S2 均要配置 Trunk，此时所有 VLAN 的数据均能通过。

2. 检查 Trunk 链路的状态

```
Switch#show  interfaces  trunk
//配置 Trunk 链路只能通过 VLAN 2 和 VLAN 3 的数据通过
Switch(config)#interface  fastEthernet  0/12
Switch(config-if)#switchport  trunk  allowed  vlan 2,3
Switch(config-if)#exit
```

3. 配置 Native Trunk

```
Switch(config)#interface  fastEthernet  0/12
Switch(config-if)#switchport  trunk  native  vlan  2
//在 Trunk 链路上配置 Native VLAN，默认为 VLAN1，现改为 VLAN2
Switch(config-if)#exit
```

注意：交换机 S1 与交换机 S2 均要配置 Native Trunk，应将 Native VLAN 设为同一个 VLAN。

12.2.2　实践　配置 Trunk

实验 12-2　环境如图 12-5 所示，本实验需要两台交换机、四台计算机、四根直通网线、一根交叉网线。

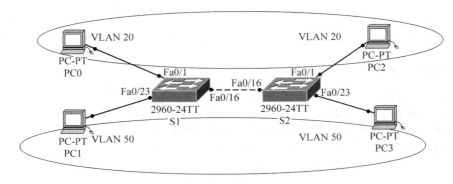

图 12-5　配置 Trunk 实验

实验要求：

(1) 配置 PC0 计算机的 IP 地址为 192.168.1.2，配置 PC2 计算机的 IP 地址为 192.168.1.3，配置 PC2 计算机的 IP 地址为 192.168.1.4，配置 PC3 计算机的 IP 地址为 192.168.1.5。

(2) 设置交换机端口 1、2、3 为 VLAN 20，交换机端口 21、22、23 为 VLAN 30。

(3) 配置 Trunk，使 PC0 与 PC2 能相通，PC1 与 PC3 能相通。

(4) 想一下，PC0 与 PC1 能否相通，PC0 与 PC3 能否相通？

12.3　VLAN 间路由

每个 VLAN 都是独立的广播域，所以在默认情况下，不同 VLAN 中的计算机之间无法通信。实现此类终端间通信的方法，称为 VLAN 间路由。

12.3.1　单臂路由器

(1) "单臂路由器"，通过单个物理接口在网络中的多个 VLAN 之间发送流量的路由器配置。路由器接口被配置为中继链路，并以中继模式连接到交换机端口。

实验 12-3　实验环境如图 12-6 所示。

(2) 设置交换机 S1、S2 端口 1、2、3 为 VLAN 2，交换机 S1、S2 端口 21、22、23 为 VLAN 3(查看 11.1.2 节交换机端口模式配置)。

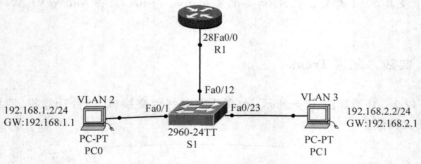

图 12-6 单臂路由器实验

（3）配置 Trunk。

```
Switch(config)#interface  fastEthernet  0/12
Switch(config-if)#switchport  trunk  encanpsulation  dot1q
//配置 Trunk 链路的封装类型,同一链路的两端封装要相同。
//有的交换机的 IOS 只能封装 dot1q,因此无此命令,无须执行
Switch(config-if)#switchport  mode  trunk
```

（4）单臂路由器。

① 子接口是基于软件的虚拟接口,可分配到各物理接口。每个子接口配置有自己的 IP 地址、子网掩码和唯一的 VLAN 分配,使单个物理接口可同属于多个逻辑网络。这种方法适用于在网络中有多个 VLAN 但只有少数路由器物理接口的 VLAN 间路由。

②

```
Router> enable
Router#configure  terminal
Router(config)#interface  fastEthernet  0/0.2
Router(config-subif)#encapsulation  dot1Q  2
Router(config-subif)#ip  address  192.168.1.1  255.255.255.0
Router(config-subif)#exit
Router(config)#interface  fastEthernet  0/0.3
Router(config-subif)#encapsulation  dot1Q  3
Router(config-subif)#ip  address  192.168.2.1  255.255.255.0
Router(config-subif)#exit
```

（5）检验路由表。

```
Router#show  ip  route
```

（6）实践一下：PC0 与 PC1 是否能 ping 通?

12.3.2 三层交换机

实验 12-4 实验环境如图 12-7 所示。

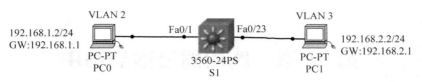

图 12-7　VLAN 间路由实验

（1）设置交换机 S1 端口 1、2、3 为 VLAN 2，交换机 S1 端口 21、22、23 为 VLAN 3（查看 10.1.2 节交换机端口模式配置）。

（2）配置三层交换机。

```
Switch(config)#ip  routing
//开启交换机的路由功能,此时交换机启用了三层功能
Switch(config)#interface  vlan  2
Switch(config-if)#ip  address  192.168.1.1  255.255.255.0
Switch(config-if)#no  shutdown
Switch(config)#interface  vlan  3
Switch(config-if)#ip  address  192.168.2.1  255.255.255.0
Switch(config-if)#no  shutdown
```

（3）检验路由表。

```
Router#show  ip  route
```

（4）实践一下：PC0 与 PC1 是否能 ping 通？

第 13 章　路由器及静态路由

数据从源计算机到目标计算机经过两个及两个以上路由器时,必须在每个路由器配置静态路由或动态路由(如 RIP、OSPF 等)。

13.1　路由器

路由是所有数据网络的核心所在,它的用途是通过网络将信息从源传送到目的地。路由器是负责将数据包从一个网络传送到另一个网络的设备。

路由器获知远程网络的方式有两种:使用路由协议动态获知,或通过配置的静态路由获知。静态路由很常见,所需的处理量和开销低于动态路由协议。

13.2　路由器的角色

路由器是一种专门用途的计算机,在数据网络的运作中扮演着极为重要的角色。路由器主要负责连接各个网络:确定发送数据包的最佳路径,将数据包转发到目的地。

路由器使用路由表来查找数据包的目的 IP 与路由表中网络地址之间的最佳匹配。路由表最后会确定用于转发数据包的送出接口,路由器会将数据包封装为适合该送出接口的数据链路帧。

13.3　静态路由

13.3.1　配置静态路由

(1) ip route 用途:从一个网络路由到末节网络时,一般使用静态路由
(2) 配置静态路由。
在全局配置模式下使用:

ip　route 目标网段地址　　目标网段子网掩码　　下一个路由器接口的 IP 地址
ip　route 目标网段地址　　目标网段子网掩码　　本路由器送出接口

实验 13-1　静态路由实验如图 13-1 所示。

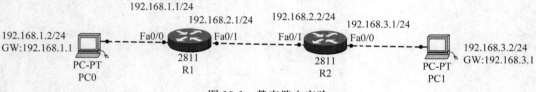

图 13-1　静态路由实验

① 配置 R1 路由器：

```
Router>enable
Router#configure  terminal
Router(config)#hostname  R1
R1(config)#interface  fastEthernet  0/0
R1(config-if)#ip  address  192.168.1.1  255.255.255.0
R1(config-if)#no  shutdown
R1(config-if)#exit
R1(config)#interface  fastEthernet  0/1
R1(config-if)#ip  address  192.168.2.1  255.255.255.0
R1(config-if)#no  shutdown
R1(config-if)#exit
R1(config)#ip  route  192.168.3.0  255.255.255.0  192.168.2.2
```

② 配置 R2 路由器：

```
Router>enable
Router#configure  terminal
Router(config)#hostname  R2
R2(config)#interface  fastEthernet  0/0
R2(config-if)#ip  address  192.168.3.1  255.255.255.0
R2(config-if)#no  shutdown
R2(config-if)#exit
R2(config)#interface  fastEthernet  0/1
R2(config-if)#ip  address  192.168.2.2  255.255.255.0
R2(config-if)#no  shutdown
R2(config-if)#exit
R2(config)#ip  route  192.168.1.0  255.255.255.0  fastEthernet 0/1
```

（3）检验路由表。

```
Router#show  ip  route
```

（4）请实践一下：PC0 与 PC1 是否能 ping 通？

13.3.2　默认路由

默认路由：这个路由将匹配所有的包——像汇总路由一样能减少路由条目。

1. 配置一条默认静态路由

和静态路由相似，但 IP 地址和子网掩码全部是零。
在全局配置模式下使用：

```
ip  route  0.0.0.0  0.0.0.0  下一个路由器接口的 IP 地址
ip  route  0.0.0.0  0.0.0.0  本路由器送出接口
```

实验 13-2 参见图 13-1(实验内容与静态路由实验类似)。

删除当前静态路由：

```
R1(config)#no ip route 192.168.3.0 255.255.255.0 192.168.2.2
R2(config)#no ip route 192.168.3.0 255.255.255.0 fastEthernet 0/1
```

2. 检验路由表

```
Router#show ip route
```

请实践一下：PC0 与 PC1 是否能 ping 通？

默认路由：

```
R1(config)#ip route 0.0.0.0 0.0.0.0 192.168.2.2
R2(config)#ip route 0.0.0.0 0.0.0.0 192.168.2.1
```

或：

```
R1(config)#ip route 0.0.0.0 0.0.0.0 fastEthernet 0/1
R2(config)#ip route 0.0.0.0 0.0.0.0 fastEthernet 0/1
```

检验路由表：

```
Router#show ip route
```

请实践一下：PC0 与 PC1 是否能 ping 通？

13.3.3 实践 配置静态路由

实验 13-3 环境如图 13-2 所示，本实验要求三台路由器、两台计算机、四根交叉网线。

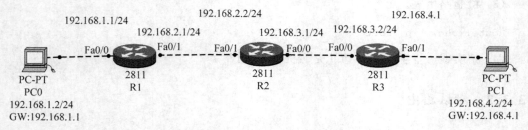

图 13-2 静态路由实验

实验要求：

(1) 配置三台路由器、两台计算机。

(2) 配置静态路由，使 PC0 与 PC1 能 ping 通。

(3) 如果 PC1 改为 Internet，路由器 R3 应如何配置？

第 14 章　RIP

14.1　RIP 的基本概念

RIP 是距离矢量路由协议,RIP 使用跳数作为路径选择的唯一度量,将跳数超过 15 的路由通告为不可达,它每 30 秒广播一次消息。

RIPv1 是有类路由协议,更新中不包含子网掩码,RIP 自动汇总异类网络,边界路由器联结从一个主网到另一个主网的 RIP 子网。

14.2　RIPv1 基本配置

(1) 启用 RIP,在全局配置模式下使用:

```
Router (config)#router  rip
```

(2) 进入 RIP 路由器配置模式后,路由器便按照指示开始运行 RIP。但路由器还需了解应该使用哪个本地接口与其他路由器通信,以及需要向其他路由器通告哪些本地连接的网络。要为网络启用 RIP 路由,请在路由器配置模式下使用 network 命令,并输入每个直连网络的有类网络地址。

格式:

```
Router(config-router)#network  本路由器接口网段地址
```

(3) network 命令的作用如下:

① 在属于某个指定网络的所有接口上启用 RIP,相关接口将开始发送和接收 RIP 更新。

② 在每 30 秒一次的 RIP 路由更新中向其他路由器通告该指定网络。

(4) 实验 14-1: RIP 实验的环境如图 14-1 所示。

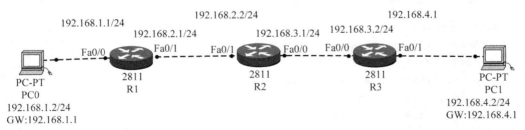

图 14-1　RIP 实验

① 配置 R1 路由器：

```
Router>enable
Router#configure terminal
Router(config)#hostname R1
R1(config)#interface fastEthernet 0/0
R1(config-if)#ip address 192.168.1.1 255.255.255.0
R1(config-if)#no shutdown
R1(config-if)#exit
R1(config)#interface fastEthernet 0/1
R1(config-if)#ip address 192.168.2.1 255.255.255.0
R1(config-if)#no shutdown
R1(config-if)#exit
R1(config)#router rip
R1 (config-router)#network 192.168.1.0
R1 (config-router)#network 192.168.2.0
```

② 配置 R2 路由器：

```
Router>enable
Router#configure terminal
Router(config)#hostname R2
R2(config)#interface fastEthernet 0/0
R2(config-if)#ip address 192.168.3.1 255.255.255.0
R2(config-if)#no shutdown
R2(config-if)#exit
R2(config)#interface fastEthernet 0/1
R2(config-if)#ip address 192.168.2.2 255.255.255.0
R2(config-if)#no shutdown
R2(config-if)#exit
R2(config)#router rip
R2 (config-router)#network 192.168.3.0
R2 (config-router)#network 192.168.2.0
```

③ 配置 R3 路由器：

```
Router>enable
Router#configure terminal
Router(config)#hostname R3
R3(config)#interface fastEthernet 0/0
R3(config-if)#ip address 192.168.3.2 255.255.255.0
R3(config-if)#no shutdown
R3(config-if)#exit
R3(config)#interface fastEthernet 0/1
R3(config-if)#ip address 192.168.4.1 255.255.255.0
R3(config-if)#no shutdown
```

```
R3(config-if)#exit
R3(config)#router  rip
R3 (config-router)#network  192.168.3.0
R3 (config-router)#network  192.168.4.0
```

（5）检查配置。

```
R1#show  running-config
R2#show  running-config
R3#show  running-config
```

（6）检验路由表。

```
Router#show  ip  route
```

（7）请实践一下：PC0 与 PC1 是否能 ping 通？

14.3　被动接口

14.3.1　为何需要被动接口

（1）不必要的 RIP 更新会影响网络性能。

（2）带宽浪费在传输不必要的更新上。因为 RIP 更新是广播，所以交换机将向所有端口转发更新。

（3）在广播网络上通告更新会带来严重的风险，RIP 更新可能会被数据包嗅探软件中途截取，路由更新可能会被修改并重新发回该路由器，从而导致路由表根据错误度量误导流量。

（4）被动接口可防止从接口发送更新.

14.3.2　配置被动接口

格式：

```
Router(config-router)#passive-interface 接口类型 接口号
```

可在实验 14-1 中设置：

```
R1(config-router)#passive-interface  fastEthernet  0/0
R3(config-router)#passive-interface  fastEthernet  0/1
```

14.4　在 RIP 中宣告默认路由

在 RIP 中宣告默认路由的格式：

```
R1(config-router)#default-information  originate
```

在 RIP 中宣告默认路由命令指定该路由器为默认信息的来源,由该路由器在 RIP 更新中传播静态默认路由。

在实验 14-1 中,如计算机 PC1 改为连接 Internet,R3 必须设置默认路由。

```
R3(config)#ip  route  0.0.0.0  0.0.0.0  192.168.4.2
```

或:

```
R3(config)#ip  route  0.0.0.0  0.0.0.0  fastEthernet  0/1
R3(config)#router  rip
R3(config-router)#default-information  originate
```

14.5 实践 配置 RIPv1

(1)实验 14-2:配置 RIP 实验的环境如图 14-2 所示,各设备接口的 IP 地址如表 14-1 所示。

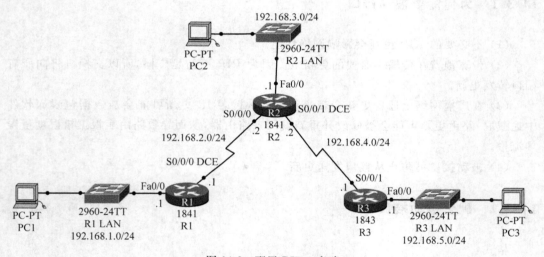

图 14-2 配置 RIPv1 实验

(2)要求:

① 如表 14-1 所示配置路由器 R1、R2、R3 接口的 IP 地址,配置计算机 PC1、PC2、PC3 的 IP 地址、默认网关。将计算机 PC1、PC2、PC3 的默认网关填入表 14-1 中。

② 配置路由器 R1、R2、R3 接口的 RIP。

③ 保存配置。

④ 使用命令 show ip route 检查 IP 路由表。路由表中应该有一个条目能够到达所有五个网络。

表 14-1　设备各接口的 IP 地址

设备	接口	IP 地址	子网掩码	默认网关
R1	Fa0/0	192.168.1.1	255.255.255.0	N/A
	S0/0/0	192.168.2.1	255.255.255.0	N/A
R2	Fa0/0	192.168.3.1	255.255.255.0	N/A
	S0/0/0	192.168.2.2	255.255.255.0	N/A
	S0/0/1	192.168.4.2	255.255.255.0	N/A
R3	Fa0/0	192.168.5.1	255.255.255.0	N/A
	S0/0/1	192.168.4.1	255.255.255.0	N/A
PC1	网卡	192.168.1.10	255.255.255.0	
PC2	网卡	192.168.3.10	255.255.255.0	
PC3	网卡	192.168.5.10	255.255.255.0	

⑤ 检查连通性。从每台 PC ping 其他两台 PC 以检验网络是否完全通畅。所有 ping 都应该成功。

14.6　RIPv2 验证和触发更新

(1) 启用 RIP, 在全局配置模式下使用:

```
Router (config)#router  rip
Router (config-router)#version  2
```

(2) 进入 RIP 路由器配置模式后, 路由器便按照指示开始运行 RIP。要为网络启用 RIP 路由, 请在路由器配置模式下使用 network 命令, 并输入每个直连网络的有类网络地址。

格式:

```
Router (config-router)#network    本路由器接口网段地址
```

(3) RIPv2 实验如图 14-3 所示, 各设备接口的 IP 地址如表 14-2 所示。

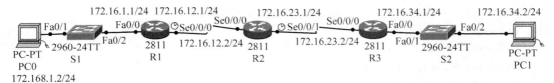

图 14-3　配置 RIPv2 实验

表 14-2　设备各接口的 IP 地址

设备	接　口	IP 地址	子网掩码	默认网关
R1	Fa0/0	172.16.1.1	255.255.255.0	N/A
	S0/0/0	172.16.12.1	255.255.255.0	N/A
R2	S0/0/0	172.16.12.2	255.255.255.0	N/A
	S0/0/1	172.16.23.1	255.255.255.0	N/A
R3	Fa0/0	172.16.34.1	255.255.255.0	N/A
	S0/0/0	172.16.23.2	255.255.255.0	N/A
PC0	网卡	172.16.1.2	255.255.255.0	172.16.1.1
PC1	网卡	172.16.34.2	255.255.255.0	172.16.34.1

① 配置 R1 路由器：

```
Router>enable
Router#configure  terminal
Router(config)#hostname  R1
R1(config)#interface  fastEthernet  0/0
R1(config-if)#ip  address  172.16.1.1  255.255.255.0
R1(config-if)#no  shutdown
R1(config-if)#exit
R1(config)#interface  serial   0/0/0
R1(config-if)#ip  address  172.16.12.1  255.255.255.0
R1(config-if)#clock  rate  64000
R1(config-if)#no  shutdown
R1(config-if)#exit
R1(config)#key  chain  ccna          //配置钥匙链,取名为 ccna
R1(config-keychain)#key  1          //配置 key ID
R1(config-keychain-key)#key-string  cisco  //配置 key ID 的密钥
R1(config-keychain-key)#exit
R1(config-keychain)#exit
R1(config)#interface  serial   0/0/0
R1(config-if)#ip  rip authentication mode text //启用验证,验证模式为明文(默认模式)
R1(config-if)#ip  rip  authentication  key-chain  ccna
//在接口上调用钥匙链 ccna
R1(config-if)#ip  rip  triggered    //配置触发更新
R1(config-if)#exit
R1(config)#router  rip
R1(config-router)#version  2
R1(config-router)#network  172.16.0.0
R1(config-router)#no  auto-summary
```

② 配置 R2 路由器：

```
Router>enable
Router#configure  terminal
Router(config)#hostname  R2
R2(config)#interface  serial    0/0/0
R2(config-if)#ip  address  172.16.12.2  255.255.255.0
R2(config-if)#no  shutdown
R2(config-if)#exit
R2(config)#interface  serial    0/0/1
R2(config-if)#ip  address  172.16.23.1  255.255.255.0
R2(config-if)#clock  rate  64000
R2(config-if)#no  shutdown
R2(config-if)#exit
R2(config)#key  chain  ccna        //配置钥匙链,取名为 ccna
R2(config-keychain)#key  1          //配置 key ID
R2(config-keychain-key)#key-string  cisco  //配置 key ID 的密钥
R2(config-keychain-key)#exit
R2(config-keychain)#exit
R2(config)#interface  serial    0/0/0
R2(config-if)#ip  rip  authentication  key-chain  ccna
//在接口上调用钥匙链 ccna
R2(config-if)#ip  rip  triggered  //配置触发更新
R2(config-if)#exit
R2(config)#interface  serial    0/0/1
R2(config-if)#ip  rip  authentication  key-chain  ccna
//在接口上调用钥匙链 ccna
R2(config-if)#ip  rip  triggered  //配置触发更新
R2(config-if)#exit
R2(config)#router  rip
R2 (config-router)#version  2
R2(config-router)#network  172.16.0.0
R2 (config-router)#no  auto-summary
```

③ 配置 R3 路由器：

```
Router>enable
Router#configure  terminal
Router(config)#hostname  R3
R3(config)#interface  fastEthernet  0/0
R3(config-if)#ip  address  172.16.34.1  255.255.255.0
R3(config-if)#no  shutdown
R3(config-if)#exit
R3(config)#interface  serial    0/0/0
R3(config-if)#ip  address  172.16.23.2  255.255.255.0
```

```
R3(config-if)#no  shutdown
R3(config-if)#exit
R3(config)#key  chain  ccnp              //配置钥匙链,取名为 ccnp
R3(config-keychain)#key  1               //配置 key ID
R3(config-keychain-key)#key-string  cisco  //配置 key ID 的密钥
R3(config-keychain-key)#exit
R3(config-keychain)#exit
R3(config)#interface  serial   0/0/0
R3(config-if)#ip  rip  authentication  key-chain  ccnp
//在接口上调用钥匙链 ccnp
R3(config-if)#ip  rip  triggered        //配置触发更新
R3(config-if)#exit
R3(config)#router  rip
R3 (config-router)#version  2
R3(config-router)#network  172.16.0.0
R3(config-router)#no  auto-summary
```

④ 检验路由表:

```
Router#show  ip  route
```

⑤ 实践一下:PC0 与 PC1 是否能 ping 通?

注意:配置钥匙链、在接口上调用钥匙链、配置触发更新等功能,Cisco Packet Tracer 软件不支持。

第 15 章　OSPF

15.1　OSPF 简介

开放最短路径优先(OSPF)协议是链路状态路由协议,是一种无类路由协议,它使用区域概念实现可扩展性。OSPF 相对于 RIP 的主要优点在于迅捷的收敛速度和适于大型网络实施的可扩展性。

15.1.1　OSPF 数据包类型

OSPF 链路状态数据包(LSP)有 5 种类型,每种数据包在 OSPF 路由过程中发挥各自的作用:

(1) Hello。Hello 数据包用于与其他 OSPF 路由器建立和维持相邻关系。

Hello 数据包用于:

① 发现 OSPF 邻居并建立相邻关系。

② 通告两台路由器建立相邻关系所必需统一的参数。

③ 在以太网和帧中继网络等多路访问网络中选举指定路由器(DR)和备用指定路由器(BDR)。

(2) DBD。DBD(数据库说明)数据包包含发送方路由器的链路状态数据库的简略列表,接收方路由器使用本数据包与其本地链路状态数据库对比。

(3) LSR。随后,接收方路由器可以通过发送链路状态请求(LSR)数据包来请求 DBD 中任何条目的有关详细信息。

(4) LSU。链路状态更新(LSU)数据包用于回复 LSR 和通告新信息。LSU 包含七种类型的链路状态通告(LSA)。

(5) LSAck。路由器收到 LSU 后,会发送一个链路状态确认(LSAck)数据包确认接收到了 LSU。

15.1.2　OSPF 算法

(1) 每台 OSPF 路由器都会维持一个链路状态数据库,其中包含来自其他所有路由器的 LSA。

(2) 一旦路由器收到所有 LSA 并建立其本地链路状态数据库,OSPF 就会使用 Dijkstra 的最短路径优先(SPF)算法创建一个 SPF 树。

(3) 将根据 SPF 树,使用通向每个网络的最佳路径填充 IP 路由表。

15.1.3　身份认证

身份验证目的：确保路由器仅接收配置有相同的口令和身份验证信息的其他路由器所发来的路由信息，认证针对接口进行配置。

对传输的路由信息进行身份验证是好的做法。RIPv2、EIGRP、OSPF、IS-IS 和 BGP 均可配置为对其路由信息进行加密和身份验证。此做法可确保路由器仅接收配置有相同的口令和身份验证信息的其他路由器所发来的路由信息。

注意：身份验证不会加密路由器的路由表。

15.2　基本 OSPF 配置

15.2.1　router ospf 命令

启用 OSPF 使用以下命令：

```
Router (config)#router  ospf  process-id
```

Process id：是一个介于 1~65 535 之间的数字，由网络管理员选定。process-id 仅在本地有效，这意味着路由器之间建立相邻关系时无须匹配该值。

```
R1(config)#router  ospf  1
R1(config-router)#
```

15.2.2　network 命令

路由器上任何符合 network 命令中的网络地址的接口都将启用，可发送和接收 OSPF 数据包。

此网络(或子网)将被包括在 OSPF 路由更新中。

```
Router(config-router)#network 网络地址   通配符掩码  area area-id
```

其中：area 为 OSPF 区域，是共享链路状态信息的一组路由器，OSPF 网络也可配置为多区域。如果所有路由器都处于同一个 OSPF 区域，则必须在所有路由器上使用相同的 area-id 配置，在单区域 OSPF 中最好使用 area-id 0。

示例：

```
R1(config)#router  ospf  1
R1(config-router)#network  172.16.1.16  0.0.0.15  area 0
R1(config-router)#network  192.168.10.0 0.0.0.3  area 0
R1(config-router)#network  192.168.10.4 0.0.0.3  area 0
```

15.2.3 确定路由器 ID

OSPF 路由器 ID 用于唯一标识 OSPF 路由域内的每台路由器。一个路由器 ID 其实就是一个 IP 地址。Cisco 路由器按下列顺序根据下列三个条件确定路由器 ID:

(1) 使用通过 OSPF router-id 命令配置的 IP 地址。

(2) 如果未配置 router-id,则路由器会选择其所有环回接口的最高 IP 地址。

(3) 如果未配置环回接口,则路由器会选择其所有物理接口的最高活动 IP 地址。

如果 OSPF 路由器未使用 OSPF router-id 命令进行配置,也未配置环回接口,则其 OSPF 路由器 ID 将为其所有接口上的最高活动 IP 地址。该接口并不需要启用 OSPF,就是说不需要将其包括在 OSPF network 命令中。然而,该接口必须活动。

OSPF router-id 命令在用于确定路由器 ID 时优先于环回接口和物理接口 IP 地址。命令语法为:

```
Router(config)#router ospf process-id
Router(config-router)#router-id ip-address
```

15.2.4 向 OSPF 网络注入默认路由

OSPF 需要使用 default-information originate 命令将 0.0.0.0/0 静态默认路由通告给区域内的其他路由器:

```
Router (config-router)#default-information originate
```

15.2.5 验证 OSPF

show ip ospf neighbor 命令可用于验证该路由器是否已与其相邻路由器建立相邻关系。如果未显示相邻路由器的路由器 ID,或未显示 FULL 状态,则表明两台路由器未建立 OSPF 相邻关系。如果两台路由器未建立相邻关系,则不会交换链路状态信息。链路状态数据库不完整会导致 SPF 树和路由表不准确。通向目的网络的路由可能不存在或不是最佳路径。

命令格式:

```
Router#show ip ospf neighbor
```

show ip route 命令可用于检验路由器是否正在通过 OSPF 发送和接收路由,O 表示路由来源为 OSPF,OSPF 不会自动在主网络边界总结。

show ip ospf 命令也可用于检查 OSPF 进程 ID 和路由器 ID,此外,还可显示 OSPF 区域信息以及上次计算 SPF 算法的时间。OSPF 是一种非常稳定的路由协议。

15.2.6 单区域 OSPF 实践

实验 15-1 OSPF 实验环境如图 15-1 所示,本实验环境需要四台路由器(带有两个串行口)、两台计算机、三根串行线、二根交叉线。

实验要求为:计算机 PC0 与计算机 PC1 能相互 ping 通。

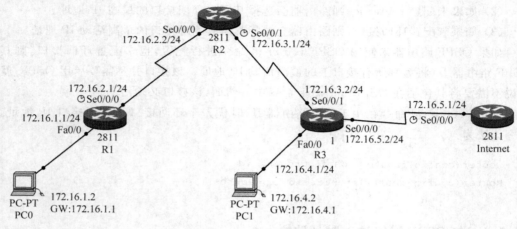

图 15-1 OSPF 配置实验

(1)事先配置计算机 PC0、PC1,并配置 Internet 路由器:

```
Router#configure terminal
Router(config)#interface serial 0/0/0
Router(config-if)#ip address 172.16.5.1 255.255.255.0
Router(config-if)#clock rate 64000
Router(config-if)#no shutdown
Router(config-if)#exit
Router(config)#ip route 0.0.0.0 0.0.0.0 172.16.5.2
```

(2)配置路由器 R1:

```
Router>enable
Router#configure terminal
Router(config)#hostname R1
R1(config)#interface fastEthernet 0/0
R1(config-if)#ip address 172.16.1.1 255.255.255.0
R1(config-if)#no shutdown
R1(config-if)#exit
R1(config)#interface serial 0/0/0
R1(config-if)#ip address 172.16.2.1 255.255.255.0
R1(config-if)#clock rate 64000
R1(config-if)#no shutdown
```

```
R1(config-if)#exit
R1(config)#router  ospf  1
R1(config-router)#network  172.16.1.0  0.0.0.255  area  0
R1(config-router)#network  172.16.2.0  0.0.0.255  area  0
R1(config-router)#exit
```

（3）配置路由器 R2：

```
Router>enable
Router#configure  terminal
Router(config)#hostname  R2
R2(config)#interface  serial  0/0/0
R2(config-if)#ip  address  172.16.2.2  255.255.255.0
R2(config-if)#no  shutdown
R2(config-if)#exit
R2(config)#interface  serial  0/0/1
R2(config-if)#ip  address  172.16.3.1  255.255.255.0
R2(config-if)#clock  rate  64000
R2(config-if)#no  shutdown
R2(config-if)#exit
R2(config)#router  ospf  1
R2(config-router)#network  172.16.2.0  0.0.0.255  area  0
R2(config-router)#network  172.16.3.0  0.0.0.255  area  0
R2(config-router)#exit
```

（4）配置路由器 R3：

```
Router>enable
Router#configure  terminal
Router(config)#hostname  R3
R3(config)#interface  fastEthernet  0/0
R3(config-if)#ip  address  172.16.4.1  255.255.255.0
R3(config-if)#no  shutdown
R3(config-if)#exit
R3(config)#interface  serial  0/0/0
R3(config-if)#ip  address  172.16.5.2  255.255.255.0
R3(config-if)#no  shutdown
R3(config-if)#exit
R3(config)#interface  serial  0/0/1
R3(config-if)#ip  address  172.16.3.2  255.255.255.0
R3(config-if)#no  shutdown
R3(config-if)#exit
R3(config)#router  ospf  1
R3(config-router)#network  172.16.3.0  0.0.0.255  area  0
R3(config-router)#network  172.16.4.0  0.0.0.255  area  0
R3(config-router)#network  172.16.5.0  0.0.0.255  area  0
```

```
R3(config-router)#exit
```

（5）验证路由表：

```
R1#show  ip  route
R2#show  ip  route
R3#show  ip  route
```

此时，计算机 PC0 执行 ping 172.16.5.1 的结果是什么？

（6）设置路由器 R3 的默认路由：

```
R3(config)#ip  route  0.0.0.0  0.0.0.0  172.16.5.1
R3(config)#router  ospf  1
R3(config-router)#default-information  originate
R3(config-router)#exit
```

（7）验证路由表：

```
R1#show  ip  route
R2#show  ip  route
R3#show  ip  route
```

此时，计算机 PC0 执行 ping 172.16.5.1 的结果是什么？

15.2.7　实践　OSPF

实验 15-2　配置 OSPF 实验环境如图 15-2 所示，本实验需要三台路由器（带有两个串行口）、三台交换机、三台计算机、三根串行线、六根直通线。

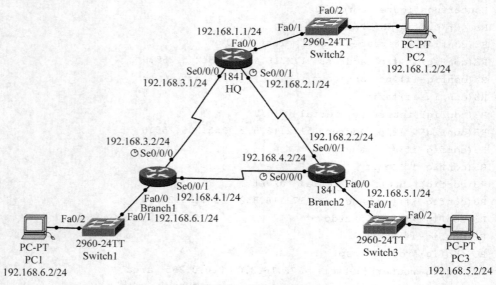

图 15-2　配置 OSPF

实验按下面的要求进行:

(1) 按表 15-1 配置并激活路由器 HQ、Branch1 和 Branch1 串行接口和以太网接口的 IP 地址。将串行 DCE 接口的时钟频率配置为 64 000。

(2) 在路由器 HQ 上配置 OSPF 路由。使用 1 作为进程 ID 配置 OSPF,然后通告所有网络。

(3) 在路由器 Branch1 上配置 OSPF 路由。使用 1 作为进程 ID 配置 OSPF,然后通告所有网络。

(4) 在路由器 Branch2 上配置 OSPF 路由。使用 1 作为进程 ID 配置 OSPF,然后通告所有网络。

(5) 按表 15-1 配置计算机 PC1、PC2、PC3 的 IP 地址、默认网关。它们的默认网关填入表 15-1 中。

表 15-1 设备各接口的 IP 地址

设备	接 口	IP 地址	子 网 掩 码	默认网关
HQ	Fa0/0	192.168.1.1	255.255.255.0	N/A
	S0/0/0	192.168.3.1	255.255.255.0	N/A
	S0/0/1	192.168.2.1	255.255.255.0	N/A
Branch 1	Fa0/0	192.168.6.1	255.255.255.0	N/A
	S0/0/0	192.168.3.2	255.255.255.0	N/A
	S0/0/1	192.168.4.1	255.255.255.0	N/A
Branch 2	Fa0/0	192.168.5.1	255.255.255.0	N/A
	S0/0/0	192.168.4.2	255.255.255.0	N/A
	S0/0/1	192.168.2.2	255.255.255.0	N/A
PC1	网卡	192.168.6.2	255.255.255.0	
PC2	网卡	192.168.1.2	255.255.255.0	
PC3	网卡	192.168.5.2	255.255.255.0	

(6) 验证 OSPF 运行情况:使用 show ip ospf neighbor 命令验证与已获知的其他路由器相关的信息。

(7) 检查路由表中的 OSPF 路由:使用 show ip route 命令查看通过 OSPF 获知的所有网络。

(8) 检查计算机 PC1、PC2、PC3 能否相互 ping 通?

(9) 如果路由器 HQ 的 Fa0/0 接口连接 Internet,需要在路由器 HQ 上配置一条默认路由。使用 OSPF 重分布默认路由。

(10) 验证 OSPF:使用 show ip route 命令验证是否已获知默认路由。

第 16 章　DHCP 服务

要访问 Internet，必须要设置 IP 地址、默认网关、DNS 服务器的 IP 地址，但用户往往不知所措，可设置 DHCP 服务器，为用户的计算机动态提供 IP 地址及默认网关、DNS 服务器 IP 地址的设置。

16.1　DHCP 的基本概念

动态主机配置协议(DHCP)是一个简化主机 IP 地址分配管理的 TCP/IP 标准协议。用户可以利用 DHCP 服务器管理动态的 IP 地址分配及其他相关的环境配置工作(如 DNS、WINS、Gateway 的设置)。

16.1.1　DHCP 的工作原理

如图 16-1 所示，在 DHCP 服务器中有一个 IP 地址数据库(又称地址池)。地址池中存放了要分配给 DHCP 客户机的 IP 地址。

DHCP 客户机从 DHCP 服务器获得 IP 地址。

16.1.2　DHCP 租约的生成过程

DHCP 租约生成有以下 4 个过程。

1. DHCP 客户机请求 IP 租约

图 16-1　DHCP 的工作示意图

当 DHCP 客户端第一次登录网络的时候，也就是客户发现本机上没有任何 IP 数据设定，它会向网络发出一个 DHCP DISCOVER 封包。因为客户端还不知道自己属于哪一个网络，所以封包的来源地址会为 0.0.0.0，而目的地址则为 255.255.255.255，然后再附上 DHCP discover 的信息，向网络进行广播。

2. 提供 IP 租约

当 DHCP 服务器监听到客户端发出的 DHCP discover 广播后，它会从那些还没有租出的地址范围内，选择最前面的空置 IP，连同其他 TCP/IP 设定，响应给客户端一个 DHCP OFFER 封包。由于客户端在开始的时候还没有 IP 地址，所以在其 DHCP discover 封包内会带有其 MAC 地址信息，并且有一个 XID 编号来辨别该封包，DHCP 服务器响应的 DHCP offer 封包则会根据这些资料传递给要求租约的客户。根据服务器端的设定，DHCP offer 封包会包含一个租约期限的信息。

3. 选择 IP 租约

如果客户端收到网络上多台 DHCP 服务器的响应,只会挑选其中一个 DHCP offer 而已(通常是最先抵达的那个),并且会向网络发送一个 DHCP request 广播封包,告诉所有 DHCP 服务器它将指定接受哪一台服务器提供的 IP 地址。同时,客户端还会向网络发送一个 ARP 封包,查询网络上面有没有其他机器使用该 IP 地址;如果发现该 IP 已经被占用,客户端则会送出一个 DHCPDECLINE 封包给 DHCP 服务器,拒绝接受其 DHCP offer,并重新发送 DHCP discover 信息。换一句话说,在 DHCP 服务器上面的设定,未必是客户端全都接受,客户端可以保留自己的一些 TCP/IP 设定。而主动权永远在客户端这边。

4. 确认 IP 租约

当 DHCP 服务器接收到客户端的 DHCP request 之后,会向客户端发出一个 DHCPACK 响应,以确认 IP 租约的正式生效,也就结束了一个完整的 DHCP 工作过程。

16.2 DHCP 服务器的安装与配置

16.2.1 DHCP 服务器安装前的注意事项

(1) DHCP 服务器本身必须采用固定的 IP 地址。
(2) 规划 DHCP 服务器的可用 IP 地址。
① 确定需要建立多少个 DHCP 服务器。通常认为每 10 000 个客户需要两台 DHCP 服务器,一台作为主服务器,另一台作为备份服务器。但在实际工作中用户要考虑到路由器在网络中的位置,是否在每个子网中都建立 DHCP 服务器,以及网段之间的传输速度。
② 如何支持其他子网。如果需要 DHCP 服务器支持网络中的其他子网,就要确定网段间是否用路由器连接在一起,路由器是否支持 DHCP/BOOTP relay agent(一个把某种类型的信息从一个网段转播到另一个网段的小程序)。

16.2.2 配置 DHCP 服务器

DHCP 服务器的配置如图 16-2 所示。
(1) 设置路由器的 IP 地址。

```
Router>enable
Router#configure  terminal
Router(config)#interface  fastEthernet  0/0
Router(config-if)#ip  address  192.168.10.1  255.255.255.0
Router(config-if)#no  shutdown
Router(config-if)#exit
```

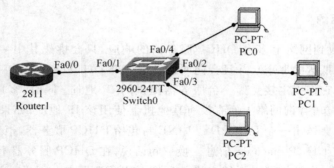

图 16-2 DHCP 配置

（2）定义 DHCP 在分配地址时的排除范围。这些地址通常是保留供路由器接口、交换机管理 IP 地址、服务器和本地网络打印机使用的静态地址。

格式：

```
Router(config)#ip  dhcp  excluded-address   低 ip 地址   [高 ip 地址]
```

例如，DHCP 在分配地址时的排除 IP 地址范围为 192.168.10.1～192.168.10.5、192.168.10.254。

```
Router(config)#ip  dhcp  excluded-address  192.168.10.1  192.168.10.5
Router(config)#ip  dhcp  excluded-address  192.168.10.254
```

（3）使用 ip dhcp pool 命令创建 DHCP 池。

格式：

```
Router(config)#ip  dhcp  pool   DHCP 地址池名
```

例如，创建名为 dhcp-pool-1 的 DHCP 地址池。

```
Router(config)#ip  dhcp  pool  dhcp-pool-1
```

（4）配置地址池的具体信息。

① 配置地址池的网络和掩码。

格式：

```
Router(dhcp-config)#network   网络地址   子网掩码
```

例如，

```
Router(dhcp-config)#network  192.168.10.0  255.255.255.0
```

② 配置默认网关。

格式：

```
Router(dhcp-config)#default-router   默认网关
```

例如，

```
Router(dhcp-config)#default-router   192.168.10.1
```

③ 配置域名(Cisco Packet Tracer 软件不支持)。

格式:

```
Router(dhcp-config)#domain-name   域名
```

例如,

```
Router(dhcp-config)#domain-name   ibm.com
```

④ 配置 DNS 服务器。

格式:

```
Router(dhcp-config)#dns-server   DNS 服务器的 IP 地址
```

例如,

```
Router(dhcp-config)#dns-server   192.168.10.254
```

⑤ 配置 TFTP 服务器。

格式:

```
Router(dhcp-config)#option   DHCP 选项代码   ip   TFTP 服务器的 IP 地址
```

例如,

```
Router(dhcp-config)#option   150   ip   192.168.1.2
```

⑥ 配置 WINS 服务器(Cisco Packet Tracer 软件不支持)。

格式:

```
Router(dhcp-config)#netbios-name-server   WINS 服务器的 IP 地址
```

例如,

```
Router(dhcp-config)#netbios-name-server   192.168.1.3
```

⑦ 其他参数包括配置 DHCP 租用的期限。默认设置是一天,但是可以使用 lease 命令更改此值。

格式:

```
Router(dhcp-config)#lease {日 [时] [分] | infinite}
```

例如,

```
租期无限长,Router(dhcp-config)#lease   infinite
```

(5) 在支持 DHCP 服务器的各版本 Cisco IOS 软件上,默认启用 DHCP 服务。要禁用此服务,请使用 no   service   dhcp 命令。

使用 service   dhcp 全局配置命令可重新启用 DHCP 服务过程。如果没有配置参数,启用服务将不会有效果。

（6）检验 DHCP

① 要检验 DHCP 的运作，请使用 show ip dhcp binding 命令。此命令显示 DHCP 服务已提供的全部 IP 地址与 MAC 地址绑定列表。

② 要检验路由器正在接收或发送消息，请使用 show ip dhcp server statistics 命令。此命令显示关于已发送和接收的 DHCP 消息数量的计数信息。

③ ipconfig/all 命令显示 PC 上的 TCP/IP 配置参数。

16.3　DHCP 中继

要将路由器 R1 配置成 DHCP 中继代理，需要使用 ip helper-address 接口配置命令配置离客户端最近的接口。

此命令把对关键服务的广播请求转发给所配置的地址，请在接收广播的接口上配置 ip helper-address。

DHCP 中继代理如图 16-3 所示，配置路由器为：

```
Router(config)#interface  fastEthernet  0/0
Router(config-if)#ip  helper-address  192.168.11.5
```

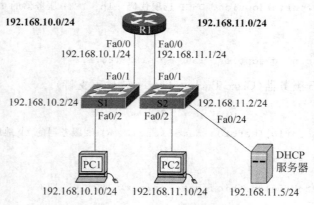

图 16-3　DHCP 中继代理

16.4　DHCP 客户机

16.4.1　配置 DHCP 客户机

在 Windows2008 中，右击"网络"，选择"属性"快捷菜单。在"网络和共享中心"窗口中，单击左边"任务"中的"管理网络连接"，打开"网络连接"窗口。鼠标右击"本地连接"，选择"属性"快捷菜单。选择"常规"选项卡，双击"Internet 协议版本 4（TCP/IPv4）"，选中"自动获得 IP 地址"和"自动获得 DNS 服务器地址"单选按钮（参见图 1-18），然后单击"确定"按钮，最后在"网络连接"窗口中单击"确定"按钮。

路由器可以作为 DHCP 的客户端,要将以太网接口配置为 DHCP 客户端,必须使用 ip address dhcp 命令进行配置。

```
Router(config)#interface  fastEthernet  0/0
Router(config-if)#ip  address  dhcp
Router(config-if)#no  shutdown
Router(config-if)#exit
```

16.4.2 在 DHCP 客户端验证

在 Windows 命令窗口中使用 Ipconfig 命令。

Ipconfig/all	(显示所有适配器的完整 TCP/IP 配置信息)
Ipconfig/release	(释放适配器的当前 DHCP 配置并丢弃 IP 地址配置)
Ipconfig/renew	(更新适配器的 DHCP 配置)

16.5 实践 配置 DHCP 服务

实验 16-1 创建一个 DHCP 服务器,使之为客户机分配 IP 地址。

(1) 实验环境:如图 16-4 所示,本实验需要一台路由器、一台交换机、三台计算机、四根直通网线。

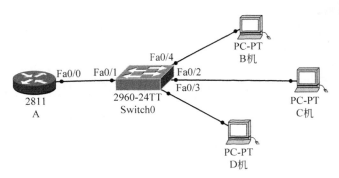

图 16-4 DHCP 实验环境

(2) 实验要求:

① A 路由器的 IP 地址为 192.168.5.1,为 DHCP 服务器。它分配的地址池为 192.168.5.10~192.168.5.90,提供给 DHCP 客户机的 DNS 服务器的 IP 地址为 192.168.2.10,提供给 DHCP 客户机的默认网关为 192.168.5.254。

② B 机、C 机和 D 机均为 DHCP 客户机。

③ B 机、C 机和 D 机验证从 DHCP 服务器获得的 IP 地址。

实验 16-2 创建一个 DHCP 服务器,使之为客户机配置 IP 地址及网络环境。

(1) 实验环境:如图 16-5 所示,本实验需要一台路由器、两台交换机、两台计算机、两台服务器、六根直通网线。

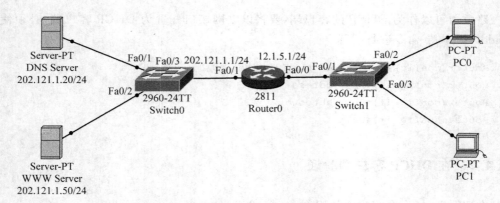

图 16-5 DHCP 实验

（2）实验要求：

① 路由器 Router0 的 Fa0/0 的 IP 地址为 12.1.5.1，为 DHCP 服务器。它分配的地址池为 12.1.5.10～12.1.5.254。

② PC0 计算机、PC1 计算机均为 DHCP 客户机。

③ 路由器 Router0 的 Fa0/1 的 IP 地址为 202.121.1.1，DNS 服务器的 IP 地址为 202.121.1.20，WWW 服务器的 IP 地址为 202.121.1.50。

④ PC0 计算机、PC1 计算机验证从 DHCP 服务器获得的 IP 地址。

⑤ PC0 计算机、PC1 计算机均能在 IE 地址栏输入 http://www.a.com，访问 WWW 服务器发布的网页。

第三部分

路由器的高级配置

本部分主要讲解路由器的高级配置，这是对企业很实用的技术，访问控制列表（ACL）可以限制数据包的流入或流出，可实现网络安全性的要求。NAT 路由器实现企业只需少量的合法 IP 地址，使公司的所有计算机可以访问 Internet。VPN 实现总公司与分公司或公司及合作伙伴之间轻松的相互访问，确保出差的员工安全进入公司的系统。

这部分的内容是企业要求网络管理员必须熟练掌握的内容。

第 17 章　访问控制列表

在路由器上可配置 ACL 用于控制进出路由器的数据包。

17.1　使用 ACL 保护网络

ACL 能够控制进出网络的流量。可以只是简单地允许或拒绝网络主机或地址,还可以将 ACL 配置为根据使用的 TCP 和 UDP 端口来控制网络流量。

17.1.1　端口号

端口号如图 17-1 所示。

端口号

端口号范围	端口类别
0 到 1023	公认(通用)端口
1024 到 49151	注册端口
49152 到 65535	私有和(或)动态端口

图 17-1　端口号

17.1.2　数据包过滤

数据包过滤也可称为静态数据包过滤,通过分析传入和传出的数据包以及根据既定标准传递或阻止数据包来控制对网络的访问。

当路由器根据过滤规则转发或拒绝数据包时,它便充当了一种数据包过滤器。当数据包到达过滤数据包的路由器时,路由器会从数据包报头中提取某些信息,根据过滤规则决定该数据包是应该通过还是应该丢弃。

数据包过滤路由器根据源和目的 IP 地址、源端口和目的端口以及数据包的协议,利用规则决定是应该允许还是拒绝流量。这些规则是使用访问控制列表(ACL)定义的。

ACL 是一系列 permit 或 deny 语句组成的顺序列表,应用于 IP 地址或上层协议。ACL 可以从数据包报头中提取信息,根据规则进行测试,决定是"允许"还是"拒绝",提取的信息包括源 IP 地址、目的 IP 地址、ICMP 消息类型。

ACL 也可以提取上层信息并根据规则对其进行测试。上层信息包括 TCP/UDP 源端口、TCP/UDP 目的端口。

17.1.3 ACL

ACL 是一种路由器配置脚本,根据从数据包报头中发现的条件控制路由器应该允许还是拒绝数据包通过。ACL 还可选择要以其他方式分析、转发或处理的流量类型。

当每个数据包经过关联有 ACL 的接口时,都会与 ACL 中的语句从上到下一行一行进行比对,以便发现符合该传入数据包的模式。ACL 使用允许或拒绝规则决定数据包的命运,通过此方式贯彻一条或多条公司安全策略,还可以配置 ACL 控制对网络或子网的访问。

使用 ACL 的指导原则如下:

(1) 在位于内部网络和外部网络(例如 Internet)交界处的防火墙路由器上使用 ACL。

(2) 在位于网络两个部分交界处的路由器上使用 ACL,以控制进出内部网络特定部分的流量。

(3) 在位于网络边界的边界路由器上配置 ACL。这样可以在内外部网络之间,或网络中受控度较低的区域与敏感区域之间起到基本的缓冲作用。

(4) 为边界路由器接口上配置的每种网络协议配置 ACL。可以在接口上配置 ACL 过滤入站流量、出站流量或两者。

3P 原则:对于每种协议(per protocol)的每个方向(per direction)的每个接口(per interface)只能配置一个 ACL。

17.1.4 ACL 工作原理

(1) ACL 定义了一组规则,用于对进入入站接口的数据包通过路由器中继的数据包,以及从路由器出站接口输出的数据包施加额外控制。ACL 对路由器自身产生的数据包不起作用。

(2) ACL 要么配置用于入站流量,要么用于出站流量。

入站 ACL 传入数据包经过处理之后才会被路由到出站接口。入站 ACL 非常高效,如果数据包被丢弃,则节省了执行路由查找的开销。当测试表明应允许该数据包后,路由器才会处理路由工作。

出站 ACL 传入数据包路由到出站接口后,由出站 ACL 进行处理。

(3) ACL 语句按顺序执行操作。这些语句从上到下、一条一条地对照 ACL 评估数据包。

数据包报头与某条 ACL 语句匹配,则会跳过列表中的其他语句,由匹配的语句决定是允许还是拒绝该数据包。如果数据包报头与 ACL 语句不匹配,那么将使用列表中的下一条语句测试数据包。此匹配过程会一直继续,直到抵达列表末尾。最后一条隐含的语句拒绝所有流量。此时路由器不会让这些数据进入或送出接口,而是直接丢弃它们。

17.1.5 Cisco ACL 类型

Cisco ACL 有两种类型：标准 ACL 和扩展 ACL。

标准 ACL 根据源 IP 地址允许或拒绝流量。数据包中包含的目的地址和端口无关紧要。标准 ACL 在全局配置模式中创建，表号范围为 1～99 或 1300～1999。

例如，允许 192.168.30.0 网络的数据包通过。

```
Router(config)#access-list 10 permit 192.168.30.0 0.0.0.255
```

扩展 ACL 根据多种属性（例如，协议类型、源和 IP 地址、目的 IP 地址、源 TCP 或 UDP 端口、目的 TCP 或 UDP 端口）过滤 IP 数据包，并可依据协议类型（IP、ICMP、UDP、TCP 或协议号）进行更为精确的控制。扩展 ACL 在全局配置模式中创建，表号范围 100～199 或 2000～2699。

例如，允许 192.168.30.0 网络的 TCP 端口号为 80 数据包通过。

```
Router(config)#access-list 103 permit tcp 192.168.30.0 0.0.0.255 any
eq 80
```

17.2 配置标准 ACL

应该将最频繁使用的 ACL 条目放在列表顶部，在 ACL 中至少包含一条 permit 语句，否则所有流量都会被阻止。标准 ACL 是一种路由器配置脚本，根据源地址控制路由器应该允许还是应该拒绝数据包。

17.2.1 标准 ACL 命令的语法

```
Router(config)#access-list acl号 {deny|permit|remark} 源 [源的通配符位]
```

其中，源表示发送数据包的网络号或主机号。

例如：

```
Router(config)#access-list 1 permit 192.168.1.0 0.0.0.255
Router(config)#access-list 1 permit host 192.168.2.10
Router(config)#access-list 1 deny any
```

注意：要删除 ACL，使用全局配置命令 no access-list。

17.2.2 将标准 ACL 应用到接口

配置标准 ACL 之后，可以使用 ip access-group 命令将其关联到接口：

```
Router(config-if)#ip access-group {acl号|acl名} {in|out}
```

步骤：

（1）进入全局配置模式，使用 ip access-list 命令创建 ACL。

```
Router(config)#access-list  1  permit  192.168.1.0  0.0.0.255
```

（2）使用 ip access-group 命令激活接口上现有的 ACL，并将其用作出站过滤器。

```
Router(config)#interface  fastEthernet  0/0
Router(config-if)#ip  access-group  1  out
```

17.2.3   命名 ACL

命名 ACL 让人更容易理解其作用。例如，用于拒绝 FTP 的 ACL 可以命名为 NO_FTP。当使用名称而不是编号标识 ACL 时，配置模式和命令语法略有不同。

步骤：

（1）进入全局配置模式，使用 ip access-list 命令创建命名 ACL。ACL 名称是字母数字，必须唯一而且不能以数字开头。

```
Router(config)#ip  access-list  [ standard | extended ]  name
```

（2）在命名 ACL 配置模式下，使用 permit 或 deny 语句指定一个或多个条件，以确定数据包应该转发还是丢弃。

```
Router(config-std-nacl)#[ permit | deny | remark ]  {源  [源的通配符位]}
```

（3）配置标准 ACL 之后，可以使用 ip access-group 命令将其关联到接口。

```
Router(config-if)#ip  access-group  acl 名  {in | out}
```

17.2.4   监控和检验 ACL

```
Router#show access-lists  [acl 号 | acl 名]
```

17.3   配置扩展 ACL

扩展 ACL 是一种路由器配置脚本，根据源地址、目的地址以及协议或端口控制路由器应该允许还是应该拒绝数据包。扩展 ACL 比标准 ACL 更加灵活而且精度更高。配置扩展 ACL 的操作步骤与配置标准 ACL 的步骤相同——首先创建扩展 ACL，然后在接口上激活它。

17.3.1   扩展 ACL 命令的语法

```
Router(config)#access-list  acl 号  {deny | permit | remark} 协议 源 [源的通配符位]  [operator 操作]  [port 端口号或端口名]  目的 [目的的通配符位]  [operator 操作] [port 端口号或端口名]  [established]
```

其中：

协议为 ICMP、IP、TCP 或 UDP。

操作为 it(<),gt(>),eq(=),neq(不等于),range(包括的范围)。

端口号或端口名为 TCP 或 UDP 的端口号。

established 只有在 TCP 协议中,表示一个已建立的连接。

17.3.2 将扩展 ACL 应用于接口

```
Router(config)#access-list 103 permit tcp 192.168.30.0 0.0.0.255 any
eq 80
Router(config)#interface fastEthernet 0/0
Router (config-if)#ip access-group 101 out
```

17.3.3 命名扩展 ACL

(1) 进入全局配置模式,使用 ip access-list extended name 命令创建命名 ACL。

(2) 在命名 ACL 配置模式中,指定自己希望允许或拒绝的条件。

(3) 返回特权执行模式,并使用 show access-lists [number | name]命令检验 ACL。

```
Router(config)#ip access-list extended BROWSING
Router(config-ext-nacl)#permit tcp any 192.168.10.0 0.0.0.255
  established
Router(config)#interface fastEthernet 0/0
Router (config-if)#ip access-group BROWSING out
```

注意:BROWSING 允许已建立的 HTTP 和 SHTTP 连接的应答。

17.4 复杂 ACL 的类型

可以在标准 ACL 和扩展 ACL 的基础上构建复杂 ACL,从而实现更多功能。

17.4.1 动态 ACL

"锁和钥匙"是使用动态 ACL 的一种流量过滤安全功能,动态 ACL 依赖于 Telnet 连接、身份验证(本地或远程)和扩展 ACL。

使用动态 ACL 的场合:希望特定远程用户或用户组可以通过 Internet 从远程主机访问用户网络中的主机;希望本地网络中的主机子网能够访问受防火墙保护的远程网络上的主机。

步骤：

（1）Router(config)#username Student password 0 cisco

（2）Router(config)#access-list 101 permit any host 10.2.2.2 eq telnet
Router(config)#access-list 101 dynamic testlist timeout 15 permit ip
192.168.10.0 0.0.0.255 192.168.30.0 0.0.0.255

（3）Router(config)#interface serial 0/0/1
Router (config-if)#ip access-group 101 in

17.4.2 自反 ACL

自反 ACL 允许最近出站数据包的目的地发出的应答流量回到该出站数据包的源地址。这样可以更加严格地控制哪些流量能进入网络，并提升了扩展访问列表的能力。

路由器检查出站流量，当发现新的连接时，便会在临时 ACL 中添加条目以允许应答流量进入。

网络管理员使用自反 ACL 允许从内部网络发起的会话的 IP 流量，同时拒绝外部网络发起的 IP 流量。

步骤：

（1）Router(config)#ip access-list extended OUTBOUNDFILTERS
Router(config-ext-nacl)#permit tcp 192.168.0.0 0.0.255.255 any
reflect TCPTRAFFIC
Router(config-ext-nacl)#permit icmp 192.168.0.0 0.0.255.255 any
reflect ICMPTRAFFIC

（2）Router(config)#ip access-list extended INBOUNDFILTERS
Router(config-ext-nacl)#evaluate TCPTRAFFIC
Router(config-ext-nacl)#evaluate ICMPTRAFFIC

（3）Router(config)#interface serial 0/1/0
Router (config-if)#ip access-group INBOUNDFILTERS in
Router (config-if)#ip access-group OUTBOUNDFILTERS out

17.4.3 基于时间的 ACL

基于时间的 ACL 功能类似于扩展 ACL，但它允许根据时间执行访问控制。

步骤：

（1）定义实施 ACL 的时间范围，并为其指定名称。

Router(config)#time-range EVERYOTHERDAY
Router(config-time-range)#periodic Monday Wednesday Friday 8:00 to
17:00

（2）对该 ACL 应用此时间范围。

```
Router(config)#access-list 101 permit tcp 192.168.10.0 0.0.0.255 any
eq telnet time-range EVERYOTHERDAY
```

（3）对该接口应用 ACL。

```
Router(config)#interface serial 0/0/0
Router (config-if)#ip access-group 101 out
```

17.5 实践 配置 ACL

17.5.1 配置标准 ACL

实验 17-1 配置标准 ACL 实验拓扑如图 17-2 所示，实验环境为 4 个路由器（1 个带有 3 个串行口，其他三个带有一个串行口）、三个交换机、两台服务器、五台计算机、三根串行线、七根直通线、三根交叉线。

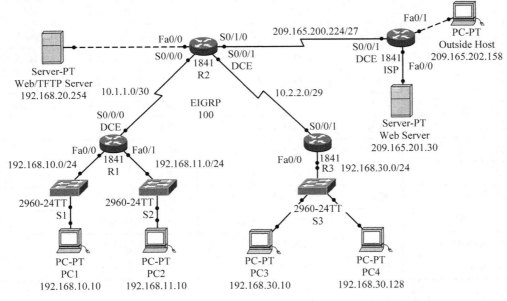

图 17-2 配置标准 ACL

实验按下面步骤进行。

（1）按表 17-1 配置并激活所有路由器串行接口和以太网接口的 IP 地址。将串行 DCE 接口的时钟频率配置为 64 000。

（2）按表 17-1 配置计算机及服务器的 IP 地址、默认网关。

（3）在所有的路由器上配置 OSPF 路由。使用 1 作为进程 ID 配置 OSPF，然后通告所有网络。

（4）验证计算机及服务器相互能 ping 通。

（5）评估 R1 LAN 的策略。

① 允许 192.168.10.0/24 网络访问除 192.168.11.0/24 网络外的所有位置。

② 允许 192.168.11.0/24 网络访问所有目的地址，连接到 ISP 的所有网络除外。

表 17-1 设备各接口的 IP 地址

设备	接口	IP 地址	子网掩码	默认网关
R1	S0/0/0	10.1.1.1	255.255.255.252	N/A
	Fa0/0	192.168.10.1	255.255.255.0	N/A
	Fa0/1	192.168.11.1	255.255.255.0	N/A
R2	S0/0/0	10.1.1.2	255.255.255.252	N/A
	S0/0/1	10.2.2.1	255.255.255.252	N/A
	S0/1/0	209.165.200.225	255.255.255.224	N/A
	Fa0/0	192.168.20.1	255.255.255.0	N/A
R3	S0/0/1	10.2.2.2	255.255.255.252	N/A
	Fa0/0	192.168.30.1	255.255.255.0	N/A
ISP	S0/0/1	209.165.200.226	255.255.255.224	N/A
	Fa0/0	209.165.201.1	255.255.255.224	N/A
	Fa0/1	209.165.202.129	255.255.255.224	N/A
PC1	网卡	192.168.10.10	255.255.255.0	
PC2	网卡	192.168.11.10	255.255.255.0	
PC3	网卡	192.168.30.10	255.255.255.0	
PC4	网卡	192.168.30.128	255.255.255.0	
Web/TFTP Server	网卡	192.168.20.254	255.255.255.0	
Web Server	网卡	209.165.201.30	255.255.255.224	
Outside Host	网卡	209.165.202.158	255.255.255.224	

（6）为 R1 LAN 规划 ACL 实施。

① 用两个 ACL 可完全实施 R1 LAN 的安全策略。

② 在 R1 上配置第一个 ACL，拒绝从 192.168.10.0/24 网络发往 192.168.11.0/24 网络的流量，但允许所有其他流量。由于 R1 上的 ACL 拒绝所有 192.168.10.0/24 网络的流量，因此以 192.168.10 开头的任何源 IP 地址都应拒绝。正确的通配符掩码应为 0.0.0.255。

③ 此 ACL 应用于 R1 Fa0/1 接口的出站流量，监控发往 192.168.11.0 网络的所有流量。

④ 在 R2 上配置第二个 ACL,拒绝 192.168.11.0/24 网络访问 ISP,但允许所有其他流量。R2 上的 ACL 还要拒绝 192.168.11.0/24 网络流量。可以使用同样的通配符掩码 0.0.0.255。

⑤ 控制 R2 S0/1/0 接口的出站流量。

⑥ ACL 语句的顺序应该从最具体到最概括。拒绝网络流量访问其他网络的语句应在允许所有其他流量的语句之前。

(7) 在 R1 上执行下列配置:

```
R1(config)#access-list  10  deny  192.168.10.0  0.0.0.255
R1(config)#access-list  10  permit  any
R1(config)#interface  fa0/1
R1(config-if)#ip access-group  10  out  //将标准 ACL 应用于 fa0/1 接口的出站流量
```

(8) 在 R2 上执行下列配置:

```
R2(config)#access-list  11  deny  192.168.11.0  0.0.0.255
R2(config)#access-list  11  permit  any
R2(config)#interface  s0/1/0
R2(config-if)#ip access-group  11  out  //将标准 ACL 应用于 s0/1/0 接口的出站流量
```

(9) 检验和测试 ACL。

① 配置并应用 ACL 后,PC1(192.168.10.10)应该无法 ping 通 PC2(192.168.11.10),因为 ACL 10 在 R1 上应用于 Fa0/1 的出站流量。

② PC2(192.168.11.10)应该无法 ping 通 Web Server(209.165.201.30)或 Outside Host(209.165.202.158),但应能 ping 通其他所有位置,因为 ACL 11 在 R2 上应用于 S0/1/0 的出站流量。但 PC2 无法 ping 通 PC1,因为 R1 上的 ACL 10 会阻止 PC1 向 PC2 发送的应答。

(10) 评估 R3 LAN 的策略。

① 允许 192.168.30.0/10 网络访问所有目的地址。

② 拒绝主机 192.168.30.128 访问 LAN 以外的地址。

(11) 为 R3 LAN 规划 ACL 实施。

① 在 R3 上配置该 ACL,拒绝 192.168.30.128 主机访问 LAN 以外的地址,但允许 LAN 中的所有其他主机发出的流量。

② 此 ACL 将应用于 Fa0/0 接口的入站流量,监控尝试离开 192.168.30.0/10 网络的所有流量。

③ ACL 语句的顺序应该从最具体到最概括。拒绝 192.168.30.128 主机访问的语句应在允许所有其他流量的语句之前。

(12) 在 R3 上配置以下命名 ACL:

```
R3(config)#ip  access-list  standard  NO_ACCESS
R3(config-std-nacl)#deny  host  192.168.30.128
R3(config-std-nacl)#permit  any
```

```
R3(config)#interface fa0/0
R3(config-if)#ip access-group  NO_ACCESS  in
//将命名 ACL 应用于 fa0/0 接口的入站流量。应用之后,即会根据该 ACL 检查从 192.168.30.0/24
//LAN 进入 Fa0/0 接口的所有流量
```

(13) 检验和测试 ACL。

以下测试会失败:

PC1 到 PC2

PC2 到 Outside Host

PC2 到 Web Server

除 PC3 和 PC4 之间的 ping 以外,从 PC4 或向 PC4 发出的所有 ping。

17.5.2 配置扩展 ACL

实验 17-2 配置扩展 ACL 实验环境如图 17-2 所示,本实验需要四个路由器(一个带有三个串行口,其他三个带有一个串行口)、三个交换机、两台服务器、五台计算机、三根串行线、七根直通线三根交叉线。

实验按下面步骤进行。

(1) 按表 17-1 配置并激活所有路由器串行接口和以太网接口的 IP 地址。将串行 DCE 接口的时钟频率配置为 64 000。按表 17-1 配置计算机及服务器的 IP 地址、默认网关。

(2) 在所有的路由器上配置 OSPF 路由。使用 1 作为进程 ID 配置 OSPF,然后通告所有网络。

(3) 验证计算机及服务器相互能 ping 通。

(4) 评估 R1 LAN 的策略。

① 对于 192.168.10.0/24 网络,阻止 telnet 访问所有位置,并且阻止通过 TFTP 访问地址为 192.168.20.254 的企业 Web/TFTP Server。允许所有其他访问。

② 对于 192.168.11.0/24 网络,允许通过 TFTP 和 Web 访问地址为 192.168.20.254 的企业 Web/TFTP Server。阻止从 192.168.11.0/24 网络发往 192.168.20.0/24 网络的所有其他流量。允许所有其他访问。

(5) 为 R1 LAN 规划 ACL 实施。

用两个 ACL 可完全实施 R1 LAN 的安全策略:第一个 ACL 支持策略的第一部分,配置在 R1 上并应用于 Fast Ethernet 0/0 接口的入站流量;第二个 ACL 支持策略的第二部分,配置在 R1 上并应用于 Fast Ethernet 0/1 接口的入站流量。

① 使用编号 110 配置第一个 ACL。阻止 192.168.10.0/24 网络中的所有 IP 地址 telnet 至任何位置。

```
R1(config)#access-list 110 deny tcp 192.168.10.0 0.0.0.255 any eq telnet
//要阻止 192.168.10.0/24 网络中的所有 IP 地址通过 TFTP 访问地址为 192.168.20.254 的
//主机
```

```
R1(config)#access-list 110 deny udp 192.168.10.0 0.0.0.255 host 192.168.20.
254 eq tftp
R1(config)#access-list 110 permit ip any any   //允许所有其他流量
```

② 用编号 111 配置第二个 ACL。允许 192.168.11.0/24 网络中的任何 IP 地址通过 WWW 访问地址为 192.168.20.254 的主机。

```
R1(config)#access-list 111 permit tcp 192.168.11.0 0.0.0.255 host 192.168.20.
254 eq www
//允许 192.168.11.0/24 网络中的任何 IP 地址通过 TFTP 访问地址为 192.168.20.254 的主机
R1(config)#access-list 111 permit udp 192.168.11.0 0.0.0.255 host 192.168.20.
254 eq tftp
//阻止从 192.168.11.0/24 网络发往 192.168.20.0/24 网络的所有其他流量
R1(config)#access-list 111 deny ip 192.168.11.0 0.0.0.255 192.168.20.0 0.0.
0.255
R1(config)#access-list 111 permit ip any any   //允许所有其他流量
```

③ 将 ACL 110 应用于 FastEthernet 0/0 接口，ACL 111 应用于 FastEthernet 0/1 接口。

```
R1(config)#interface fa0/0
R1(config-if)#ip access-group 110 in
R1(config-if)#interface fa0/1
R1(config-if)#ip access-group 111 in
```

④ 测试 R1 上配置的 ACL。

尝试从 PC1 telnet 访问任何设备。此流量应该阻止。

尝试从 PC1 通过 HTTP 访问企业 Web/TFTP Server。此流量应该允许。

尝试从 PC2 通过 HTTP 访问 Web/TFTP Server。此流量应该允许。

尝试从 PC2 通过 HTTP 访问外部 Web Server。此流量应该允许。

(6) 评估 R3 LAN 的策略。

① 阻止 192.168.30.0/24 网络的所有 IP 地址访问 192.168.20.0/24 网络的所有 IP 地址。

② 允许 192.168.30.0/24 的前一半地址访问所有其他目的地址。

③ 允许 192.168.30.0/24 的后一半地址访问 192.168.10.0/24 网络和 192.168.11.0/24 网络。

④ 允许 192.168.30.0/24 的后一半地址通过 Web 访问和 ICMP 访问所有其余目的地址。

⑤ 隐含拒绝所有其他访问。

(7) 为 R3 LAN 规划 ACL 实施。需要在 R3 上配置一个 ACL 并应用于 FastEthernet 0/0 接口的入站流量。

① 用于阻止 192.168.30.0/24 访问 192.168.30.0/24 网络中的所有地址。

```
R3(config)#access-list 130 deny ip 192.168.30.0 0.0.0.255 192.168.20.0 0.0.
```

0.255

② 用于允许 192.168.30.0/24 网络的前一半地址访问任何其他目的地址。

```
R3(config)#access-list 130 permit ip 192.168.30.0 0.0.0.127 any
```

③ 明确允许 192.168.30.0/24 网络的后一半地址访问网络策略允许的网络和服务。

```
R3(config)#access-list 130 permit ip 192.168.30.128 0.0.0.127 192.168.10.0 0.
0.0.255
R3(config)#access-list 130 permit ip 192.168.30.128 0.0.0.127 192.168.11.0 0.
0.0.255
R3(config)#access-list 130 permit tcp 192.168.30.128 0.0.0.127 any eq www
R3(config)#access-list 130 permit icmp 192.168.30.128 0.0.0.127 any
R3(config)#access-list 130 deny  ip  any  any
```

④ 将相应 ACL 应用于该接口。

```
R3(config)#interface  fa0/0
R3(config-if)#ip access-group  130  in
```

⑤ 检验和测试 ACL。

从 PC3 ping Web/TFTP Server,此流量应该阻止。

从 PC3 ping 任何其他设备,此流量应该允许。

从 PC4 ping Web/TFTP Server,此流量应该阻止。

从 PC4 通过 192.168.10.1 或 192.168.11.1 接口 telnet 至 R1,此流量应该允许。

从 PC4 ping PC1 和 PC2,此流量应该允许。

从 PC4 通过 10.2.2.2 接口 telnet 至 R2,此流量应该阻止。

(8) 评估通过 ISP 进入的 Internet 流量的策略。

① 仅允许 Outside Host 通过端口 80 与内部 Web Server 建立 Web 会话。

② 仅允许已建立 TCP 会话进入。

③ 仅允许 ping 应答通过 R2。

(9) 为通过 ISP 进入的 Internet 流量规划 ACL 实施。需要在 R2 上配置一个 ACL 并应用于 Serial 0/1/0 接口的入站流量。

① 在 R2 上使用 ip access-list extendedname 命令配置名为 FIREWALL 的命名 ACL。

```
R2(config)#ip  access-list  extended  FIREWALL
//仅允许 Outside Host 通过端口 80 与内部 Web Server 建立 Web 会话
R2(config-ext-nacl)#permit  tcp  any  host  192.168.20.254  eq  www
R2(config-ext-nacl)#permit  tcp  any  any  established
//仅允许已建立 TCP 会话进入
R2(config-ext-nacl)#permit  icmp  any  any  echo-reply
//允许 ping 应答通过 R2
R2(config-ext-nacl)#deny  ip  any  any
```

② 将 ACL 应用于 ISP 的入站流量,面向 R2 的 s0/1/0 接口。

```
R3(config)#interface  s0/1/0
R3(config-if)#ip  access-group  FIREWALL  in
```

③ 检验和测试 ACL。

从 Outside Host 打开内部 Web/TFTP Server 中的网页,此流量应该允许。

从 Outside Host ping 内部 Web/TFTP Server,此流量应该阻止。

从 Outside Host ping PC1,此流量应该阻止。

从 PC1 ping 地址为 209.165.201.30 的外部 Web Server,此流量应该允许。

从 PC1 打开外部 Web Server 中的网页,此流量应该允许。

第 18 章　NAT

公司不可能为每个员工向 ISP(Internet 服务提供商)申请一个合法的 IP 地址,而这些员工又要上 Internet 网。这时,可以为每个员工配置内部保留的 IP 地址,然后配置 NAT 服务器,使每个员工的计算机通过 NAT 可以访问 Internet。

18.1　NAT 概述

NAT 是 Network Address Translation(网络地址转换)的缩略语,是使用一台路由器在专用网络中的 PC 之间实现互联网接入共享的一种技术,尽管那些 PC 没有一个合法的公共 IP 地址。

利用网络地址转换(NAT),可配置家庭网络或小型办公室网络以共享与 Internet 的单一连接。

18.1.1　NAT 路由器

NAT 路由器有硬件和软件两种。

要用作 NAT 路由器的服务器必须要安装两个网卡,其中一个网卡连接到互联网,另一个网卡连接到专用网。

当内部网络客户端发送 Internet 连接请求时,NAT 协议驱动程序将截获该请求,并将其转发到目标 Internet 服务器。所有请求看上去都像是来自 NAT 服务器的外部 IP 地址。此过程隐藏了内部 IP 地址配置。

IP 地址解析的考虑:

(1) 连接到互联网的一个网卡必须指定一个互联网服务提供商(ISP)提供的 IP 地址。

(2) 连接到专用网络的网卡可以使用 192.168.x.x 的地址段。

(3) 建议设立一个 DHCP 服务器,让这个服务器从选择的地址段中为网络中的工作站分配地址。

(4) 必须为连接到专用网的 NAT 服务器中的网卡分配静态地址。

(5) 必须让默认网关地址与分配给 NAT 服务器的专用网地址相匹配。

(6) 如果没有自己的 DNS 服务器,可使用互联网服务提供商的 DNS 服务器的地址。不过,如果你已经拥有了一台 DNS 服务器,应该使用它的地址。可以在这台 DNS 服务器上设置一个转发器,这样,任何没有解析的请求都将转发到互联网服务提供商的 DNS 服务器。

(7) 让客户机指向你的 DNS 服务器而不是互联网服务提供商的 DNS 服务器。

18.1.2 NAT 术语

如图 18-1 所示，NAT 术语有：

（1）内部本地地址。通常不是 RIR 或服务器提供商分配的 IP 地址，是 RFC 1918 私有地址。图中，IP 地址 192.168.10.10 被分配给内部网络上的主机 PC1。

（2）内部全局地址。当内部主机流量流出 NAT 路由器时分配给内部主机的有效公有地址。当来自 PC1 的流量发往 Web 服务器 209.165.201.1 时，路由器 R2 必须进行地址转换。本例中，PC1 的内部全局地址使用 IP 地址 209.165.200.226。

（3）外部全局地址。分配给 Internet 上主机的可达 IP 地址。例如，Web 服务器的可达 IP 地址为 209.165.201.1。

（4）外部本地地址。分配给外部网络上主机的本地 IP 地址。大多数情况下，此地址与外部设备的外部全局地址相同。

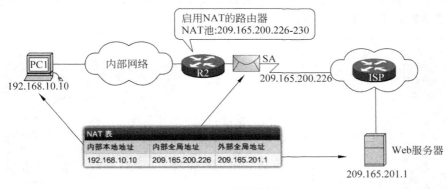

图 18-1 NAT 的转换

18.1.3 NAT 如何工作

如图 18-1 所示，内部主机（192.168.10.10）希望与外部 Web 服务器（209.165.201.1）通信。它发送数据包给配置了 NAT 的网络边界网关 R2。

（1）R2 读取数据包的目的 IP 地址，并检查数据包是否符合规定的转换标准。R2 有一个 ACL，它确定内部网络中可进行转换的有效主机。因此，R2 将内部本地 IP 地址转换成内部全局 IP 地址，本例中为 209.165.200.226。它将此本地与全局地址映射关系存储在 NAT 表中。

（2）路由器将数据包发送到目的地。当 Web 服务器回应时，数据包回到 R2 的全局地址（209.165.200.226）。

（3）R2 参考 NAT 表，发现这是原先转换的 IP 地址。因此，它将内部全局地址转换成内部本地地址，然后将数据包转发给 IP 地址为 192.168.10.10 的 PC1。如果它没有找到映射关系，数据包将被丢弃。

18.1.4 动态映射和静态映射

NAT 转换有两种类型：动态和静态。

（1）动态 NAT 使用公有地址池，并以先到先得的原则分配这些地址。当具有私有 IP 地址的主机请求访问 Internet 时，动态 NAT 从地址池中选择一个未被其他主机占用的 IP 地址。

（2）静态 NAT 使用本地地址与全局地址的一对一映射，这些映射保持不变。静态 NAT 对于必须具有一致的地址、可从 Internet 访问的 Web 服务器或主机特别有用。这些内部主机可能是企业服务器或网络设备。

18.1.5 NAT 过载

如图 18-2 所示，NAT 过载（有时称为端口地址转换或 PAT）将多个私有 IP 地址映射到一个或少数几个公有 IP 地址。

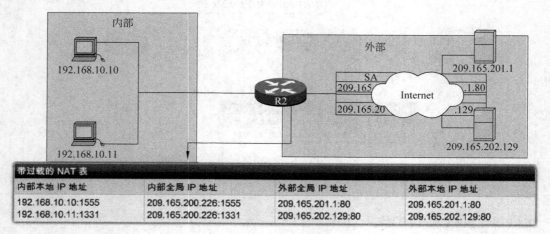

图 18-2 NAT 过载

NAT 过载可以将多个地址映射到一个或少数几个地址，因为每个私有地址也会用端口号加以跟踪。当客户端打开 TCP/IP 会话时，NAT 路由器为其资源地址分配一个端口号。NAT 过载利用 Internet 上的服务器确保每个客户端会话使用不同的 TCP 端口号。当服务器返回响应时，源端口号（在回程中变成目的端口号）决定路由器将数据包路由给哪一客户端。它还会检查是否请求过传入的数据包，因此这在一定程度上提高了会话的安全性。

18.2 配置静态 NAT

静态 NAT 为内部地址与外部地址的一对一映射，静态 NAT 允许外部设备发起与内部设备的连接。

首先需要定义要转换的地址,然后在适当的接口上配置 NAT。

18.2.1 配置静态 NAT 步骤

(1) 静态 NAT(如图 18-3 所示),首先建立内部本地地址与内部全局地址之间的静态转换。

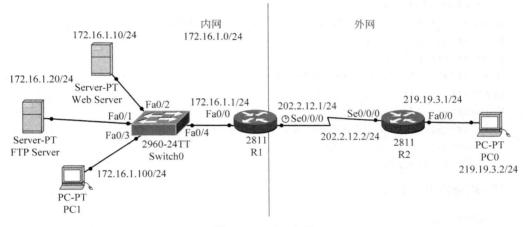

图 18-3 NAT 拓扑

```
R1(config)#ip nat inside source static 172.16.1.10 202.2.12.3
R1(config)#ip nat inside source static 172.16.1.20 202.2.12.4
```

(2) 配置 NAT 内部接口。

```
R1(config)#interface fastEthernet 0/0
R1(config-if)#ip nat inside
R1(config-if)#exit
```

(3) 配置 NAT 外部接口。

```
R1(config)#interface serial 0/0/0
R1(config-if)#ip nat outside
R1(config-if)#exit
```

18.2.2 配置静态 NAT 实例

(1) 如图 18-3 所示,配置路由器 R1:

```
Router>enable
Router#configure terminal
Router(config)#hostname R1
R1(config)#interface fastEthernet 0/0
```

```
R1(config-if)#ip address 172.16.1.1 255.255.255.0
R1(config-if)#no shutdown
R1(config-if)#exit
R1(config)#interface serial 0/0/0
R1(config-if)#ip address 202.2.12.1 255.255.255.0
R1(config-if)#clock rate 64000
R1(config-if)#no shutdown
R1(config-if)#exit
R1(config)#ip route 0.0.0.0 0.0.0.0 serial 0/0/0
R1(config)#ip nat inside source static 172.16.1.10 202.2.12.3
R1(config)#ip nat inside source static 172.16.1.20 202.2.12.4
R1(config)#interface fastEthernet 0/0
R1(config-if)#ip nat inside
R1(config-if)#exit
R1(config)#interface serial 0/0/0
R1(config-if)#ip nat outside
R1(config-if)#exit
```

(2) 配置路由器 R2：

```
Router>enable
Router#configure terminal
Router(config)#hostname R2
R2(config)#interface serial 0/0/0
R2(config-if)#ip address 202.2.12.2 255.255.255.0
R2(config-if)#no shutdown
R2(config-if)#exit
R2(config)#interface fastEthernet 0/0
R2(config-if)#ip address 219.19.3.1 255.255.255.0
R2(config-if)#no shutdown
R2(config-if)#exit
```

(3) 在 PC0 上执行 ping 202.2.12.3 与 ping 202.2.12.4 命令。想一下，为什么是这样的结果。

18.3 配置动态 NAT

动态 NAT 则是将私有 IP 地址映射到公有地址。这些公有 IP 地址源自 NAT 池。动态 NAT 不是创建到单一 IP 地址的静态映射，而是使用内部全局地址池。

18.3.1 配置动态 NAT 步骤

(1) 动态 NAT(如图 18-3 所示)，首先根据需要定义待分配的全局地址池。

```
R1(config)#ip  nat  pool  D_NAT  202.2.12.8  202.2.12.15  netmask  255.255.
255.0
```

（2）定义一个标准访问列表，以允许待转换的内部地址通过。

```
R1(config)#access-list  1  permit  172.16.1.0  0.0.0.255
```

（3）建立动态源地址转换，将 NAT 地址池与 ACL 绑定。

```
R1(config)#ip  nat  inside  source  list  1  pool  D_NAT
```

（4）配置 NAT 内部接口。

```
R1(config)#interface  fastEthernet  0/0
R1(config-if)#ip  nat  inside
R1(config-if)#exit
```

（5）配置 NAT 外部接口。

```
R1(config)#interface  serial  0/0/0
R1(config-if)#ip  nat  outside
R1(config-if)#exit
```

18.3.2 配置动态 NAT 实例

（1）如图 18-3 所示，配置路由器 R1：

```
Router>enable
Router#configure  terminal
Router(config)#hostname  R1
R1(config)#interface  fastEthernet  0/0
R1(config-if)#ip  address  172.16.1.1  255.255.255.0
R1(config-if)#no  shutdown
R1(config-if)#exit
R1(config)#interface  serial  0/0/0
R1(config-if)#ip  address  202.2.12.1  255.255.255.0
R1(config-if)#clock  rate  64000
R1(config-if)#no  shutdown
R1(config-if)#exit
R1(config)#ip  route  0.0.0.0  0.0.0.0  serial 0/0/0
R1(config)#ip  nat  pool  D_NAT  202.2.12.8  202.2.12.15  netmask  255.255.
255.0
R1(config)#access-list  1  permit  172.16.1.0  0.0.0.255
R1(config)#ip  nat  inside  source  list  1  pool  D_NAT
R1(config)#interface  fastEthernet  0/0
R1(config-if)#ip  nat  inside
R1(config-if)#exit
```

```
R1(config)#interface  serial  0/0/0
R1(config-if)#ip  nat  outside
R1(config-if)#exit
```

（2）配置路由器 R2：

```
Router>enable
Router#configure  terminal
Router(config)#hostname  R2
R2(config)#interface  serial  0/0/0
R2(config-if)#ip  address  202.2.12.2  255.255.255.0
R2(config-if)#no  shutdown
R2(config-if)#exit
R2(config)#interface  fastEthernet  0/0
R2(config-if)#ip  address  219.19.3.1  255.255.255.0
R2(config-if)#no  shutdown
R2(config-if)#exit
```

（3）在 PC1 上执行 ping 219.19.3.2 命令。

在 Web Server 上执行 ping 219.19.3.2 命令。

在 Ftp Server 上执行 ping 219.19.3.2 命令。

想一下，为什么是这样的结果。

18.4　配置 NAT 过载

使用 interface 关键字标识外部 IP 地址，NAT 过载将使用地址池。这种配置与动态、一对一 NAT 配置的主要区别是前者使用了 overload 关键字。overload 关键字允许进行端口地址转换，也可以将端口号添加到转换中。

18.4.1　配置 NAT 过载步骤

（1）NAT 过载（如图 18-3 所示），首先根据需要定义待分配的全局地址池。

```
R1(config)#ip  nat  pool  O_NAT  202.2.12.20  202.2.12.20  netmask  255.255.
255.0
```

（2）定义一个标准访问列表，以允许待转换的内部地址通过。

```
R1(config)#access-list  1  permit  172.16.1.0  0.0.0.255
```

（3）建立动态源地址转换，将 NAT 地址池与 ACL 绑定。

```
R1(config)#ip  nat  inside  source  list  1  pool  O_NAT  overload
```

（4）配置 NAT 内部接口。

```
R1(config)#interface  fastEthernet  0/0
R1(config-if)#ip  nat  inside
R1(config-if)#exit
```

（5）配置 NAT 外部接口。

```
R1(config)#interface  serial  0/0/0
R1(config-if)#ip  nat  outside
R1(config-if)#exit
```

18.4.2 配置 NAT 过载实例

（1）如图 18-3 所示，配置路由器 R1：

```
Router>enable
Router#configure  terminal
Router(config)#hostname  R1
R1(config)#interface  fastEthernet  0/0
R1(config-if)#ip  address  172.16.1.1  255.255.255.0
R1(config-if)#no  shutdown
R1(config-if)#exit
R1(config)#interface  serial  0/0/0
R1(config-if)#ip  address  202.2.12.1  255.255.255.0
R1(config-if)#clock  rate  64000
R1(config-if)#no  shutdown
R1(config-if)#exit
R1(config)#ip  route  0.0.0.0  0.0.0.0  serial 0/0/0
R1(config)#ip  nat  pool  O_NAT  202.2.12.20  202.2.12.20  netmask  255.255.
255.0
R1(config)#access-list  1  permit  172.16.1.0  0.0.0.255
R1(config)#ip  nat  inside  source  list  1  pool  O_NAT  overload
R1(config)#interface  fastEthernet  0/0
R1(config-if)#ip  nat  inside
R1(config-if)#exit
R1(config)#interface  serial  0/0/0
R1(config-if)#ip  nat  outside
R1(config-if)#exit
```

（2）配置路由器 R2：

```
Router>enable
Router#configure  terminal
Router(config)#hostname  R2
R2(config)#interface  serial  0/0/0
R2(config-if)#ip  address  202.2.12.2  255.255.255.0
R2(config-if)#no  shutdown
```

```
R2(config-if)#exit
R2(config)#interface  fastEthernet  0/0
R2(config-if)#ip  address  219.19.3.1  255.255.255.0
R2(config-if)#no  shutdown
R2(config-if)#exit
```

（3）在 PC1 上执行 ping 219.19.3.2 命令。

在 Web Server 上执行 ping 219.19.3.2 命令。

在 Ftp Server 上执行 ping 219.19.3.2 命令。

想一下，为什么是这样的结果。

18.4.3　检验 NAT 和 NAT 过载

（1）show ip nat translations 命令的输出显示 NAT 分配的详细情况。该命令显示所有已配置的静态转换和所有由流量创建的动态转换。

（2）show ip nat statistics 命令显示以下信息：活动转换总数、NAT 配置参数、池中的地址数量以及已分配的地址数量。

（3）转换条目默认超时时间为 24 小时，在全局配置模式下使用 ip nat translation timeouttimeout_ seconds 命令可重新配置超时时间。

（4）要在超时之前清除动态条目，请使用 clear ip nat translation 全局命令。

18.5　配置 NAT 客户机

（1）在 Windows 2008 中，右击桌面上的"网络"，选择"属性"快捷菜单。

（2）在"网络和共享中心"窗口中，单击左边"任务"中的"管理网络连接"，打开"网络连接"窗口。右击"本地连接"，选择"属性"快捷菜单。

（3）选择"常规"选项卡，双击"Internet 协议版本 4(TCP/IPv4)"。

（4）选中"使用下面的 IP 地址"单选按钮，输入 IP 地址和子网掩码（参见图 1-18)，输入默认网关(NAT 服务器的 IP 地址)，然后单击"确定"按钮。

（5）最后在"网络连接"窗口中单击"确定"按钮。

18.6　实践　NAT

实验 18-1　实验环境如图 18-3 所示，本实验需要四台计算机，两个路由器，一个交换机。

实验要求：

（1）pc0 可设为 Web 服务器，可设计一个网页发布。

（2）内部网中的计算机使用 IE 能访问 WWW 服务器发布的网页。

（3）查看 NAT 映射情况。

第 19 章　VPN

出差的员工要安全地通过 Internet 访问公司内部的服务器，可以配置远程访问 VPN；总公司与分公司的网络安全地通过 Internet 相互访问，可以配置路由器到路由器的 VPN。

19.1　VPN 基本概念

虚拟专用网（VPN）是专用网络的延伸，它包含了类似 Internet 的共享或公共网络链接。通过 VPN 可以以模拟点对点专用链接的方式通过共享或公共网络在两台计算机之间发送数据。

19.1.1　什么是 VPN

（1）VPN 是使用基于 IP 的网络基础设施（包括公共 Internet 专有的 IP 骨干网）来仿真专有的广域网。即 VPN（Virtual Private Network）是通过 Internet 公共网络在局域网络之间或单点之间安全地传递数据的技术。

（2）VPN 称为虚拟网主要是因为整个 VPN 网络的任意两个节点之间的连接并没有传统专网所需的端到端的物理链路，而是通过技术手段模拟出来，它在一条公用线路中为两台计算机建立一个逻辑上的专用"通道"，用户数据在逻辑链路中传输。

（3）在隧道的发起端（即服务端），用户的私有数据通过封装和加密之后在 Internet 上传输，到了隧道的接收端（即客户端），接收的数据经过拆封和解密之后安全地到达用户端。

（4）能在非安全的互联网上安全地传送私有数据实现基于 Internet 的联网操作，具有良好的保密和不受干扰性。

（5）VPN 被定义为通过一个公用网络（通常是互联网）建立一个临时的、安全的连接，是一条穿过混乱的公用网络的安全、稳定的隧道。虚拟专用网是对企业内部网的扩展。

19.1.2　VPN 的类型

根据 VPN 的服务类型，可以将 VPN 分为 Access VPN、Intranet VPN 和 Extranet VPN 三类。

1. Access VPN（远程访问虚拟专网）

在该方式下远端用户拨号接入用户本地的 ISP，采用 VPN 技术在公众网上建立一个虚拟的通道到公司的远程接入端口。这种应用既可适应企业内部人员移动和远程办公的需要，又可用于商家提供 B2C（企业对客户）的安全访问服务。移动用户在任何地方、时间采用拨号、ISDN、DSL、移动 IP 和电缆技术与公司总部、公司内联网的 VPN 设备建立起隧道或秘密信道，实现访问连接。

2. Intranet VPN（企业内部虚拟专网）

在公司两个异地机构的局域网之间在公众网上建立 VPN，通过 Internet 这一公共网络将公司在各地分支机构的 LAN 连到公司总部的 LAN，以便公司内部的资源共享、文件传递等，可以节省 DDN 等专线所带来的高额费用。应用在政府、企事业单位与分支机构内部联网。

3. Extranet VPN（扩展的企业内部虚拟专网）

在企业网与相关合作伙伴的企业网之间采用 VPN 技术互联，与 Intranet VPN 相似，但由于是不同公司的网络相互通信，所以要更多地考虑设备的互连、地址的协调、安全策略的协商等问题。公司的网络管理员还应该设置特定的访问控制表 ACL（Access Control List），根据访问者的身份、网络地址等参数确定相应的访问权限、开放部分资源而非全部资源给外联网的用户。

Extranet VPN 通过使用一个专用连接的共享基础设施，将客户、供应商、合作伙伴或兴趣群体连接到企业内部网。企业拥有与专用网络的相同政策，包括安全、服务质量（QoS）、可管理性和可靠性。

19.1.3　VPN 连接

1. 远程访问 VPN 连接

（1）远程访问客户端（单用户计算机）建立连接到专用网络的远程访问 VPN 连接。

（2）VPN 服务器提供与整个网络的访问，此网络与 VPN 服务器连接。

（3）通过 VPN 连接从远程客户发送的数据包来自远程访问客户端计算机。

（4）远程访问客户端（VPN 客户端）将自身交给远程访问服务器（VPN 服务器）验证身份，作为相互验证，服务器也将自身交给客户端验证身份。

2. 路由器到路由器的 VPN 连接

（1）路由器建立路由器到路由器的 VPN 连接将专用网络的两个部分连接起来。

（2）VPN 服务器提供与网络的路由连接，此网络与 VPN 服务器连接。

（3）在路由器到路由器的 VPN 连接上，通过 VPN 连接的任一路由器发送的数据包通常不是由路由器产生的。

（4）呼叫路由器（VPN 客户端）向应答路由器（VPN 服务器）发出自我验证，为了相互验证，应答路由器也向呼叫路由器发出自我验证。

19.1.4 VPN 的主要技术

（1）VPN 是采用隧道技术以及加密、身份认证等方法，在公共网络上构建企业网络的技术。

（2）隧道技术是 VPN 的核心。隧道是基于网络协议在两点或两端建立的通信，在公网上传递私有数据的一种方式。

（3）VPN 使用标准 Internet 安全技术，进行数据加密、用户身份认证等工作，确保数据传输过程中的安全以及 VPN 通信方的身份确认及合法。封装和加密专用数据之处的链接是虚拟专用网（VPN）连接。

19.1.5 VPN 为用户带来的好处

1. 节省资金

（1）免去长途费用。
（2）降低建立私有专网的费用。

2. 提供安全性

（1）强大的用户认证机制。
（2）数据的私有性以及完整性得以保障。

3. 不必改变现有的应用程序、网络架构以及用户计算环境

（1）网络现有的 Routers 不用作任何修改。
（2）现有的网络应用完全可以正常运行。
（3）对于最终用户来说完全感觉不到任何变化。

19.1.6 GRE Tunnel

GRE 的原理是将 3 层报文封装到 IP 报文里，送到 tunnel 对端后再解开的技术。可以把 tunnel 想象成一个 DDN 专线，tunnel 口上配置的 IP 地址就相当于连接 DDN 专线的串口的 IP 地址。这个地址一般是内部的 IP，Internet 上是不认的（假设 tunnel 通过 Internet 来建）。

19. 1. 7   IPSec VPN

采用 GRE Tunnel VPN 技术的数据包在 Internet 上传输是不安全的,要考虑传输的安全,可以采用 IPSec VPN。

IPSec 是一套比较完整成体系的 VPN 技术,它规定了一系列的协议标准。IPSec 协议通过包封装技术,能够利用 Internet 可路由的地址,封装内部网络的 IP 地址,实现异地网络的互通。

IPSEC 协议的加密技术能够把数据封装,也可以把数据变换,只要到达目的地的时候,能够把数据恢复成原来的样子就可以了。这个加密工作在 Internet 出口的 VPN 网关上完成。

19. 2   路由器到路由器的 VPN

路由器到路由器的 VPN 的拓扑如图 19-1 所示,路由器 R2 代表 Internet,192. 168. 1. 0 网络和 192. 168. 2. 0 网络代表公司总部和分部。

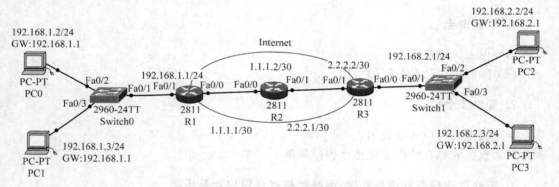

图 19-1   路由器到路由器的 VPN

(1) 配置计算机 PC0、PC1、PC2、PC3 的 IP 地址,配置路由器 R1、R2、R3 的接口的 IP 地址,并配置静态路由。

① 配置路由器 R1。

```
Router>enable
Router#configure  terminal
Router(config)#hostname  R1
R1(config)#interface  fastEthernet  0/1
R1(config-if)#ip  address  192.168.1.1  255.255.255.0
R1(config-if)#no  shutdown
R1(config-if)#exit
R1(config)#interface  fastEthernet  0/0
```

```
R1(config-if)#ip  address  1.1.1.1  255.255.255.252
R1(config-if)#no  shutdown
R1(config-if)#exit
R1(config)#ip  route  0.0.0.0  0.0.0.0  fastEthernet  0/0
```

② 配置路由器 R2。

```
Router>enable
Router#configure  terminal
Router(config)#hostname  R2
R2(config)#interface  fastEthernet  0/0
R2(config-if)#ip  address  1.1.1.2  255.255.255.252
R2(config-if)#no  shutdown
R2(config-if)#exit
R2(config)#interface  fastEthernet  0/1
R2(config-if)#ip  address  2.2.2.1  255.255.255.252
R2(config-if)#no  shutdown
R2(config-if)#exit
```

③ 配置路由器 R3。

```
Router>enable
Router#configure  terminal
Router(config)#hostname  R3
R3(config)#interface  fastEthernet  0/0
R3(config-if)#ip  address  192.168.2.1  255.255.255.0
R3(config-if)#no  shutdown
R3(config-if)#exit
R3(config)#interface  fastEthernet  0/1
R3(config-if)#ip  address  2.2.2.2  255.255.255.252
R3(config-if)#no  shutdown
R3(config-if)#exit
R3(config)#ip  route  0.0.0.0  0.0.0.0  fastEthernet  0/1
```

（2）配置路由器 R1、R3 的 GRE 隧道。

① 路由器 R1 的 GRE 隧道。

```
R1(config)#interface  tunnel  1
R1(config-if)#ip  address  10.1.1.1  255.255.255.0
R1(config-if)#tunnel  source  fastEthernet 0/0  //配置隧道的源接口或源地址
R1(config-if)#tunnel  destination  2.2.2.2        //配置隧道的目的地址
R1(config-if)#tunnel  key  1234567 //配置隧道验证密钥,Cisco Packet Tracer 不支持
R1(config-if)#exit
```

② 配置路由器 R3 的 GRE 隧道。

```
R3(config)#interface  tunnel  1
```

```
R3(config-if)#ip  address  10.1.1.2  255.255.255.0
R3(config-if)#tunnel  source  fastEthernet 0/1      //配置隧道的源接口或源地址
R3(config-if)#tunnel  destination  1.1.1.1          //配置隧道的目的地址
R3(config-if)#tunnel  key  1234567 //配置隧道验证密钥,Cisco Packet Tracer 不支持
R3(config-if)#exit
```

③ 在路由器 R1 上启用 RIPv2 路由协议。

```
R1(config)#router  rip
R1(config-router)#version  2
R1(config-router)#no  auto-summary
R1(config-router)#network  10.0.0.0          //在 GRE 隧道接口启用 RIPv2
R1(config-router)#network  192.168.1.0       //在内部接口启用 RIPv2
R1(config-router)#exit
```

④ 在路由器 R3 上启用 RIPv2 路由协议。

```
R3(config)#router  rip
R3(config-router)#version  2
R3(config-router)#no  auto-summary
R3(config-router)#network  10.0.0.0          //在 GRE 隧道接口启用 RIPv2
R3(config-router)#network  192.168.2.0       //在内部接口启用 RIPv2
R3(config-router)#exit
```

（3）在 PC0 上执行 ping 192.168.2.2 和 ping 192.168.2.3；在 PC2 上执行 ping 192.168.1.2 和 ping 192.168.1.3 的结果是什么？

（4）配置路由器 R1、R3 的 IKE 参数。

① 配置路由器 R1 的 IKE 参数。

```
R1(config)#crypto  isakmp  policy  5
//创建一个 isakmp 策略,编号为 5。可以有多个策略,双方路由器将采用编号最小、参数一致的
//策略,双方策略至少要有一个是一致的,否则协商失败
R1(config-isakmp)#encryption  aes
//配置 isakmp 采用什么加密算法,可以选择 DES、3 DES、AES
R1(config-isakmp)#authentication  pre-share
//配置 isakmp 采用什么身份认证算法,这里采用预共享密码。如果有 CA(电子证书)服务器,也
//可以 CA 进行身份认证
R1(config-isakmp)#hash  sha
//配置 isakmp 采用什么 HASH 算法,可以选择 MD5 和 SHA
R1(config-isakmp)#group  5
//配置 isakmp 采用什么密钥交换算法,这里采用 DH  group  5,可以选择 1,2 和 5
R1(config-isakmp)#exit
R1(config)#crypto  isakmp  key  1234567  address  2.2.2.2
//配置对等体 2.2.2.2 的预共享密码为 1234567,双方配置的密码要一致才行
```

② 配置路由器 R3 的 IKE 参数。

```
R3(config)#crypto isakmp policy 5
R3(config-isakmp)#encryption aes
R3(config-isakmp)#authentication pre-share
R3(config-isakmp)#hash sha
R3(config-isakmp)#group 5
R3(config-isakmp)#exit
R3(config)#crypto isakmp key 1234567 address 1.1.1.1
```

（5）配置路由器 R1、R3 的 IPSec 参数。

① 配置路由器 R1 的 IPSec 参数。

```
R1(config)#crypto ipsec transform-set TRAN esp-aes esp-sha-hmac
```
//创建一个 ipsec 转换集，名称为 TRAN，该名称本地有效，这里的转换集采用 ESP 封装，加密算
法为 3 DES，HASH 算法为 SHA。双方路由器要有一个参数一致的转换集。
```
R1(config)#ip access-list extended VPN
```
//扩展 ACL
```
R1(config-ext-nacl)#permit ip 192.168.1.0 0.0.0.255 192.168.2.0 0.0.
0.255
```
//用来指明什么样的流量要通过 VPN 加密发送，限定从 192.168.1.0 网络发出到达
//192.168.2.0 网络的流量才进行加密，其他流量不加密
```
R1(config-ext-nacl)#exit
R1(config)#crypto map MAP 5 ipsec-isakmp
```
//创建加密图，名为 MAP，5 为该加密图的其中之一的编号，名称和编号都本地有效，如果有多个
//编号，路由器将从小到大逐一匹配
```
R1(config-crypto-map)#match address VPN
```
//指明匹配名为 VPN 的 ACL 的定义流量
```
R1(config-crypto-map)#set transform-set TRAN
```
//指明采用之前已经定义的转换集 TRAN
```
R1(config-crypto-map)#set peer 2.2.2.2
```
//指明 VPN 对等体为路由器 2.2.2.2
```
R1(config-crypto-map)#reverse-route static
```
//指明要反向路由注入，这样在路由器中将有一条静态路由，该静态路由根据上一语句生成，
//static 关键字指明即使 VPN 会话没有建立起来，反向路由也要创建，Cisco Packet Tracer
//不支持
```
R1(config-crypto-map)#exit
R1(config)#interface fastEthernet 0/0
R1(config-if)#crypto map MAP
```
//在接口上应用之前创建的加密图 MAP
```
R1(config-if)#exit
```

② 配置路由器 R3 的 IPSec 参数。

```
R3(config)#crypto ipsec transform-set TRAN esp-aes esp-sha-hmac
R3(config)#ip access-list extended VPN
R3(config-ext-nacl)#permit ip 192.168.2.0 0.0.0.255 192.168.1.0 0.0.
0.255
```

```
R3(config-ext-nacl)#exit
R3(config)#crypto map MAP 5 ipsec-isakmp
R3(config-crypto-map)#match address VPN
R3(config-crypto-map)#set transform-set TRAN
R3(config-crypto-map)#set peer 1.1.1.1
R3(config-crypto-map)#reverse-route static
R3(config-crypto-map)#exit
R3(config)#interface fastEthernet 0/1
R3(config-if)#crypto map MAP
R3(config-if)#exit
```

（6）在 PC0 上执行 ping 192.168.2.2 和 ping 92.168.2.3；在 PC2 上执行 ping 192.168.1.2 和 ping 192.168.1.3 的结果是什么？

（7）在 PC0 上执行 ping 1.1.1.2 的结果是什么？（不通）

如要 ping 通，必须建立 NAT 服务器。

（8）注：

① GRE 隧道两端的密钥要一致。

② 隧道两端源和目的地址相互对应，即 R1 的源地址为 R3 的目的地址，R3 的源地址为 R1 的目的地址。

③ 需要在 TUNNEL 接口启用路由，而非连接 Internet 的接口。

④ 确保 IPSec 隧道两端之间的连通性正常。

⑤ 双方的 IKE 策略和 IPSec 转换集要一致，且双方的预共享密码要一致。

⑥ 当配置多个 IKE 策略和 IPSec 转换集时，请确保双方能协商出一个相同的 IKE 策略和 IPSec 转换集。

⑦ 双方的加密访问列表要互为镜像。

19.3 远程访问 VPN

远程访问 VPN 的拓扑如图 19-2 所示，路由器 R2 代表 Internet，192.168.2.0 网络表示公司的总部，192.168.1.0 网络表示出差员工所在的网络。

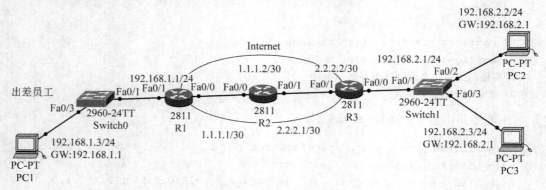

图 19-2 远程访问 VPN

(1) 配置计算机 PC0、PC1、PC2、PC3 的 IP 地址,配置路由器 R1、R2、R3 的接口的 IP
地址,并配置静态路由。

① 配置路由器 R1。

```
Router>enable
Router#configure  terminal
Router(config)#hostname  R1
R1(config)#interface  fastEthernet  0/1
R1(config-if)#ip  address  192.168.1.1  255.255.255.0
R1(config-if)#no  shutdown
R1(config-if)#exit
R1(config)#interface  fastEthernet  0/0
R1(config-if)#ip  address  1.1.1.1  255.255.255.252
R1(config-if)#no  shutdown
R1(config-if)#exit
R1(config)#ip  route  0.0.0.0  0.0.0.0  fastEthernet  0/0
```

② 配置路由器 R2。

```
Router>enable
Router#configure  terminal
Router(config)#hostname  R2
R2(config)#interface  fastEthernet  0/0
R2(config-if)#ip  address  1.1.1.2  255.255.255.252
R2(config-if)#no  shutdown
R2(config-if)#exit
R2(config)#interface  fastEthernet  0/1
R2(config-if)#ip  address  2.2.2.1  255.255.255.252
R2(config-if)#no  shutdown
R2(config-if)#exit
R2(config)#ip  route  192.168.1.0  255.255.255.0  fastEthernet 0/0
```

③ 配置路由器 R3。

```
Router>enable
Router#configure  terminal
Router(config)#hostname  R3
R3(config)#interface  fastEthernet  0/0
R3(config-if)#ip  address  192.168.2.1  255.255.255.0
R3(config-if)#no  shutdown
R3(config-if)#exit
R3(config)#interface  fastEthernet  0/1
R3(config-if)#ip  address  2.2.2.2  255.255.255.252
R3(config-if)#no  shutdown
R3(config-if)#exit
R3(config)#ip  route  0.0.0.0  0.0.0.0  fastEthernet  0/1
```

（2）配置路由器 R3 的 IKE 参数。

```
R3(config)#crypto isakmp policy 5
```
//创建一个 isakmp 策略,编号为 5。可以有多个策略,双方路由器将采用编号最小、参数一致的
//策略,双方策略至少要有一个是一致的,否则协商失败
```
R3(config-isakmp)#encryption 3des
```
//配置 isakmp 采用什么加密算法,可以选择 DES、3 DES、AES
```
R3(config-isakmp)#authentication pre-share
```
//配置 isakmp 采用什么身份认证算法,这里采用预共享密码。如果有 CA(电子证书)服务器,也
//可以 CA 进行身份认证
```
R3(config-isakmp)#hash sha
```
//配置 isakmp 采用什么 HASH 算法,可以选择 MD5 和 SHA
```
R3(config-isakmp)#group 2
```
//配置 isakmp 采用什么密钥交换算法,如果客户端是软件客户端,只能采用 group 2
```
R3(config-isakmp)#exit
```

（3）设置客户机的组策略。

```
R3(config)#ip local pool REMOTE-POOL 192.168.2.100 192.168.2.200
```
//定义 IP 地址池,用于向 VPN 客户分配 IP 地址
```
R3(config)#ip access-list extended EZVPN
R3(config-ext-nacl)#permit ip 192.168.2.0 0.0.0.255 any
```
//定义的列表向客户端指明只有发往该网络的数据包才进行加密,而其他流量不加密,这称为
//Split-Tunnel
```
R3(config-ext-nacl)#exit
R3(config)#crypto isakmp client configuration group VPN-REMOTE-ACCESS
```
//创建一个组策略,组名为 VPN-REMOTE-ACCESS,要对该组的属性进行设置
```
R3(config-isakmp-group)#key myvpnkey
```
//设置组的密码
```
R3(config-isakmp-group)#pool REMOTE-POOL
```
//配置该组的用户将采用的 IP 地址池
```
R3(config-isakmp-group)#save-password
```
//允许用户保存组的密码,否则用户必须每次输入密码,Cisco Packet Tracer 不支持
```
R3(config-isakmp-group)#acl EZVPN
```
//指明 Split-Tunnel 所使用的 ACL,Cisco Packet Tracer 不支持
```
R3(config-isakmp-group)#exit
R3(config)#aaa new-model
```
//启用 AAA 功能
```
R3(config)#aaa authorization network VPN-REMOTE-ACCESS local
```
//定义在本地进行授权
```
R3(config)#crypto map CLIENTMAP isakmp authorization list VPN-REMOTE-ACCESS
```
//指明 isakmp 的授权方式
```
R3(config)#crypto map CLIENTMAP client configuration address respond
```
//配置当用户请求 IP 地址时就响应地址请求
```
R3(config)#crypto isakmp keepalive 60
```

//定义 DPD 时间,路由器定时检测 VPN 会话,如会话已有 60s 没有响应,将被删除,

//Cisco Packet Tracer 不支持

（4）定义变换集和加密图。

R3(config)#crypto ipsec transform-set VPNTRAN esp-3des esp-sha-hmac

//定义一个变换集

R3(config)#crypto dynamic-map DYNMAP 1

//创建一个加密图,加密图之所以要动态的,是因为无法预知客户端的 IP

R3(config-crypto-map)#set transform-set VPNTRAN

//指明加密图的变换集

R3(config-crypto-map)#reverse-route

//指明加密图的反向路由注入

R3(config-crypto-map)#exit

R3(config)#crypto map CLIENTMAP 65535 ipsec-isakmp dynamic DYNMAP

//把动态加密图应用到静态加密图,因为接口下只能应用静态加密图

（5）配置 Xauth。

R3(config)#crypto ipsec transform-set VPNTRAN esp-3des esp-sha-hmac

R3(config)#aaa authentication login VPNUSER local

//定义一个认证方式,用户名和密码在本地

R3(config)#username u1 secret cisco

//定义了一个用户名 u1 和密码 cisco

R3(config)#crypto map CLIENTMAP client authentication list VPNUSER

//指明采用之前定义的认证方法对用户进行认证

R3(config)#crypto isakmpxauth timeout 20

//设置认证的超时时间

R3(config)#interface fastEthernet 0/1

R3(config-if)#crypto map CLIENTMAP

//在接口上应用静态加密图

R3(config-if)#exit

19.4　VPN 客户端的设置

19.4.1　Cisco VPN Client 软件

（1）安装 Cisco VPN Client 软件。

（2）选择"开始"→"程序"→Cisco Systems VPN Client→VPN Client 选项。

（3）如图 19-3 所示,打开 VPN Client 窗口,单击 New 按钮。

（4）如图 19-4 所示,建立新连接。在 Connection Entry 文本框中输入连接名,在 Host 文本框中输入 VPN 服务器的主机名或 IP 地址（见图 19-4 实例为 2.2.2.2）,选择 Group Authentication 单选按钮,在 Name 文本框中输入组名（见图 19-4 实例为 VPN-REMOTE-ACCESS）,在 Password 文本框中输入密码（见图 19-4 实例为 myvpnkey）,密

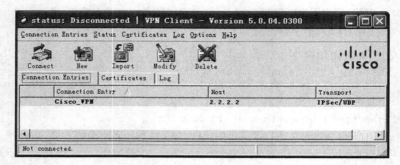

图 19-3　VPN Client 窗口

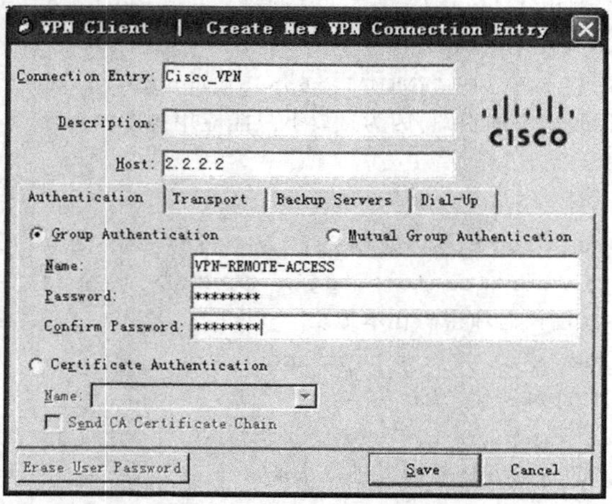

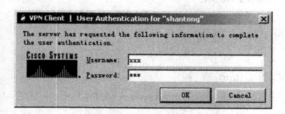

图 19-4　建立新连接

码分大小写,在 Confirm Password 文本框中再次输入密码,单击 Save 按钮。

(5) 如图 19-3 所示,打开 VPN Client 窗口。单击 Connect 按钮。

(6) 如图 19-5 所示,打开用户授权对话框。在 Username 文本框中输入用户名 u1 (见图 19-5 实例为 xxx),在 Password 文本框中输入密码 cisco(见图 19-5 实例为 xxx),密码分大小写,单击 OK 按钮。

图 19-5　用户授权

(7) 如果连接正常,如图 19-6 所示,打开 VPN Client 窗口。要断开连接,单击 Disconnect 按钮。

(8) 连接成功后,就可以像内部网一样访问远程计算机了。

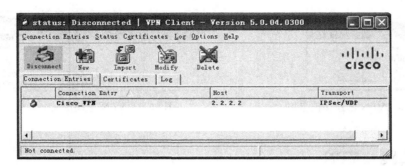

图 19-6　VPN 客户已连接

19.4.2　Cisco Packet Tracer 软件中 VPN 客户机

（1）打开 Cisco Packet Tracer 软件中的计算机，选择 Desktop 选项卡，再选择 VPN。

（2）如图 19-7 所示，打开 VPN 配置对话框。在 GroupName 文本框中输入组名（见图 19-7 实例为 VPN-REMOTE-ACCESS），在 Group Key 文本框中输入组密码（见图 19-7 实例为 myvpnkey），密码分大小写，在 Host IP(Server IP)文本框中输入 VPN 服务器的主机名或 IP 地址（见图 19-7 实例为 2.2.2.2），在 Username 文本框中输入用户名（见图 19-7 实例为 u1），在 Password 文本框中输入密码（见图 19-7 实例为 cisco），密码分大小写，单击 Connect 按钮。

图 19-7　VPN 配置对话框

（3）如图 19-8 所示，打开 VPN 已连接消息框。单击 OK 按钮。

（4）如图 19-9 所示，打开 VPN 连接情况消息框。要断开连接，单击 Disconnect 按钮。

（5）连接成功后，就可以像内部网一样访问远程计算机了。

图 19-8 VPN已连接消息框

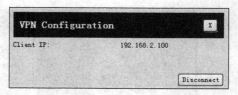

图 19-9 VPN 连接情况消息框

19.5 实践 VPN

实验 19-1 路由器到路由器的 VPN。

实验环境：如图 19-1 所示。

实验要求：用计算机 PC1 访问计算机 PC2（WWW 服务器）发布的网页。

实验 19-2 远程访问 VPN。

实验环境：如图 19-2 所示。

实验要求：用计算机 PC1 作为 VPN 客户机访问计算机 PC2（WWW 服务器）发布的网页。

参 考 文 献

[1] 李书满.Windows Server 2008 服务器搭建与管理[M].北京:清华大学出版社,2010.

[2] 吕政周,等.Windows Server 2008 系统管理员实用全书[M].北京:电子工业出版社,2010.

[3] 梁广民,王隆杰.思科网络实验室 CCNA 实验指南[M].北京:电子工业出版社,2009.

[4] [美] Mark A Dye RickMcDonald Antoon W Rufi.思科网络技术学院教程 CCNA Exploration——网络基础知识[M].北京:人民邮电出版社 2009.

[5] [美] Graziani R,Jihnson A 著.思科网络技术学院教程 CCNA Exploration——路由协议和概念[M].思科系统公司译.北京:人民邮电出版社 2009.

[6] [美] Wayne Lewis.思科网络技术学院教程 CCNA Exploration——LAN 交换和无线[M].北京:人民邮电出版社 2009.

[7] [美] Bob Vachon,Rick Graziani.思科网络技术学院教程 CCNA Exploration——接入 WAN [M].北京:人民邮电出版社 2009.

[8] Windows Sever 2008 系统的帮助文档.